翻轉學

翻轉學

翻轉學

翻轉學

見て試してわかる機械学習アルゴリズムの仕組み 機械学習図鑑

零基礎入門的機器學習圖鑑

2大類機器學習 ✕ 17種演算法 ✕ Python基礎教學，讓你輕鬆學以致用

秋庭伸也、杉山阿聖、寺田學 ── 著　加藤公一 ── 監修

王立綸、李重毅、馮俊菘、蔡明亨 ── 審定　周若珍 ── 譯

SE
SHOEISHA

目 錄

第 1 章
機器學習的基礎

第 2 章

監督式學習

目 錄

第 **3** 章

非監督式學習

目錄

第 **4** 章

評估方法及各種資料的運用

第 5 章

環境設置

好評推薦

「這本書可作為對機器學習完全不懂的新手，踏入這個領域的敲門磚，本書先是說明機器學習的基礎知識，接著介紹 17 種機器學習的基礎演算法，每個章節皆有實際的程式碼範例，並且用圖片來視覺化這些演算法是如何去處理分類資料，建議讀者可以邊學邊做，嘗試著書中的程式碼來解決問題，相信會有滿滿的收穫，讓你在讀完本書之後，也能夠掌握機器學習的基礎知識，不管是要面對實作的問題，或者是學習更進階的方法，都能夠無往不利。」

—— 資工心理人，竹謙科技研發工程師

「商業分析師在台灣的求職市場上已經慢慢變成最熱門的職缺之一，如果你懂得機器學習的基礎技術，更可以幫助你從大量原始的數據挖掘有意義的情報，解決各種複雜性的商業問題。這是我一本我看過最淺顯易懂的好書，非常推薦。」

—— 蘇書平，為你而讀／人資商學院創辦人

推薦序
兼具實作與理論的機器學習實用指南

—— 蔡明亨，台大資訊系畢，Google Research 軟體工程師

近年來，機器學習的技術有許多突破，並且應用在許多產業，創造了更多產值。此外，許多產業也準備以機器學習解決以前無法處理的問題，或是提高效率。因此，對於具備機器學習知識的人才需求也愈來愈高。

以前，只有人工智慧研究員需要機器學習的知識，然而，現今很多不同領域的人都需具備這方面的能力，因為跨領域的合作將創造更大產值，例如將機器學習應用在醫療與商業決策等方面。我相信，隨著產業發展，機器學習會像是寫程式一樣，將會成為一個現代人或多或少都必須具備的技能。

這本書深入淺出地介紹許多機器學習的概念及演算法，並且對於每個演算法都附有實作的程式範例，可以幫你了解實作上的細節，而非只是理論。本書兩百多頁的內容，各個章節的長度安排適合在通勤或是飯前等零碎時間閱讀。除此之外，這本書的難度對於需要「使用」機器學習相關知識的人而言，是十分合宜的。

我在加州大學柏克萊分校延伸教育學院教授機器學習時，課堂上選用的經典演算法也和這本書涵蓋的範圍類似。如果讀完本書之後，對於這個領域特別感興趣，可以考慮學習更進階的理論學與實作細節，甚至可以考慮做個資料科學家。

前言
把機器學習化繁為簡的圖鑑大全

　　「大數據」、「AI」、「深度學習」等自 2010 年代初期開始流行的用語，如今已完全普及；而其相關技術 —— 機器學習 —— 更是與人們的生活密不可分。

　　該如何學習機器學習的演算法、該如何將機器學習應用在商務場合等課題，並非數據科學家專屬，軟體工程師或 PM 往往也必須面對。而本書正是一本介紹各種機器學習演算法的書籍。

　　剛開始接觸機器學習的讀者，是否常因為艱澀的方程式或統計學用語而傷透腦筋呢？這時若有一張淺顯易懂的圖來幫助理解，相信一定有助於各位在腦中建構機器學習的概念。為了讓不是機器學習專家的一般讀者也能輕鬆吸收，本書盡可能減少方程式，改以圖表為主來進行說明，使各種演算法的特徵與差異一目了然。

　　希望本書能為曾學過機器學習，卻因為複雜的方程式和統計學用語而受挫的讀者帶來幫助。

　　此外，本書的範例程式碼皆使用 Python 語法編寫。Python 是當前最熱門的程式語言，與機器學習及統計相關的函式庫也非常豐富。在閱讀本書時，請務必親自操作，實際執行各範例程式碼。

▶ 本書適合對象

本書乃以下列讀者為對象撰寫而成。

對機器學習感興趣，已經開始學習的人。

已懂得一些機器學習演算法，想學習更多的人。

不熟悉方程式，看不懂機器學習專書的人。

想學會如何因應問題來選擇機器學習演算法的人。

有程式設計經驗，有能力執行範例程式碼的人。

　　本書並無詳細解說機器學習的數學原理及最佳化的具體運算過程，若想更深入了解，請參考本書引用的文獻或專書。

▶ 本書建議閱讀順序

　　本書各章內容如下：

　　第 1 章：說明機器學習的基礎知識。若想掌握機器學習的整體輪廓，請從第 1 章開始依序閱讀。

　　第 2 章與第 3 章：介紹各種機器學習演算法。若已具備某種程度的機器學習相關知識，或想查詢特定演算法，亦可從這兩章挑選自己所需的部分閱讀。

　　第 4 章：統整機器學習的評估方法。在實際使用機器學習時，本章的解說應能帶來幫助。

　　另外，Python 環境設定方法、機器學習所需的數學知識等，皆詳載於附錄中。

▶ 方程式與符號

以下介紹本書所使用的方程式與符號。

- **向量**

向量皆以粗體小寫英文字母表示。x_i 表示向量的第 i 個元素。

$$\mathbf{x} = \begin{pmatrix} x_1 \\ x_2 \\ x_3 \end{pmatrix}$$

- **矩陣**

矩陣皆以大寫英文字母表示。w_{ij} 表示矩陣第 i 列、第 j 行的元素。

$$W = \begin{pmatrix} w_{11} & w_{12} & w_{13} \\ w_{21} & w_{22} & w_{23} \end{pmatrix}$$

- **總和**

各元素的總和以 Σ 表示。下列方程式表示 n 個值（x_1、x_2……x_n）的總和。

$$\sum_{i=1}^{n} x_i$$

▶ 範例

- **本書範例之環境需求**

本書各章範例皆已確認可在下列環境中正常執行。

- Python：3.7
- scikit-learn：0.20.3

零基礎入門的機器學習圖鑑

- 範例程式碼下載處

本書所使用之範例程式碼皆收錄於下列網址，請視個人需求自行下載檔案。

https://www.shoeisha.co.jp/book/download/9784798155654

▶免責聲明

編輯部及作者相信範例程式碼在正常使用下不會造成任何問題，然而，若使用範例程式碼之後產生任何損害，使用者須自行承擔，作者及翔泳社股份有限公司概不負任何責任。

第 1 章

機器學習的
基礎

2016 年春天，一場賽事震撼了圍棋界。

人類棋王輸給了電腦，從此掀起一陣 AI 風潮。當時擊敗棋王的，是 DeepMind 運用最新機器學習技術開發的 AlphaGo。

時至今日，AI、深度學習等已成為新聞報導中經常提及的字眼。為了理解這些專有名詞，首先我們必須明白何謂機器學習。

1.1 機器學習的概要

 何謂機器學習

機器學習，是指電腦根據被賦予的問題或環境，自動進行學習，並運用學習結果來解決問題的一連串過程。

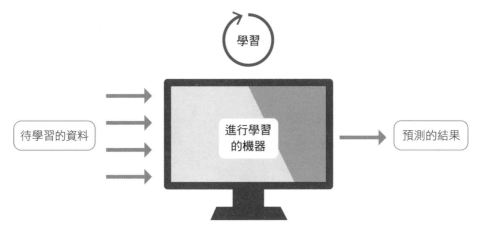

▲ 圖 1.1.1　分類示意圖

與機器學習一起出現的詞彙，包括人工智慧（AI）及深度學習（Deep Learning）等等，現在就讓我們來一一釐清。

首先，人工智慧涵蓋的意義非常廣泛，是一種總括性的概念（圖1.1.2）。而機器學習，則是實現人工智慧的方法之一；換言之，機器學習雖不是實現人工智慧的唯一方法，但近年在人工智慧的相關研究裡，以機器學習最為普遍。實現人工智慧的方法包羅萬象，有事先制定規則的方法，也有進行數理預測的方法等等。

近年備受矚目的，是一種名為深度學習的機器學習演算法。有些人誤以為深度學習就是人工智慧，但事實上，深度學習只是機器學習的演算法之一。起初，深度學習是因為在圖像辨識領域中成效卓越，才開始受到注目，如今已廣泛運用於其他領域。

機器學習有許多演算法，使用者必須根據機器學習的對象選擇最適合的演算法，而本書的目標正是幫助各位學會如何適切地選擇演算法。只要掌握每一種演算法的性質，相信就能學會實際操作機器學習。

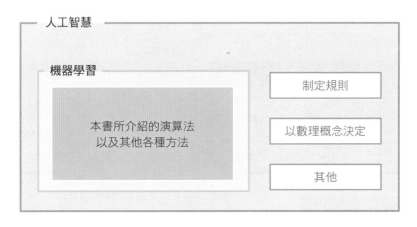

▲ 圖 1.1.2　機器學習的層次涵蓋關係

機器學習的種類

機器學習有許多種類，根據輸入資料（input data），可分類如下：

- 監督式學習（Supervised Learning）

- 非監督式學習（Un-supervised Learning）

- 強化學習（Reinforcement Learning）

以下將逐一詳述。

▶ 監督式學習

監督式學習是將問題的答案輸入電腦，讓電腦學習機器學習模型的方法，前提是必須具備「表示特徵的資料」與「作為答案的目標資料」。

假設我們提供電腦「身高」和「體重」作為特徵資料，再提供「性別（男性／女性）」作為答案資料（圖 1.1.3），讓電腦學習並建立預測模型。之後，只要將新的「身高」、「體重」資料輸入預測模型，便能預測出「性別」。

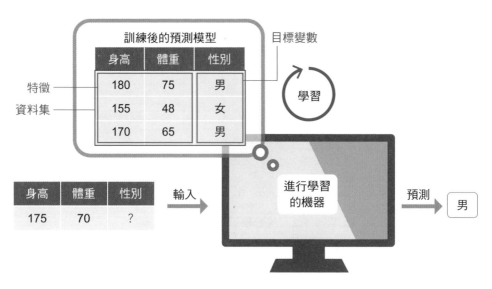

▲ 圖 1.1.3 　監督式學習示意圖

像「判斷性別」這種預測屬性的問題，稱為**分類問題**（Classification）；而此範例是分為「男」或「女」兩者之一，因此稱為**二元分類**（Two-class Classification）。分類問題中，也有細分成 10 種不同屬性的狀況，稱為**多元分類**（Multi-class Classification）。綜上所述，當作為答案的變數並非連續值，而是表示屬性的資料，也就是離散值時，便屬於分類問題。

另外，上述「表示特徵的資料」，一般稱為**特徵**（feature）**或解釋變數**（Explanatory Variable），而「作為答案的資料」則稱為**目標變數**（Target Variable）**或標籤**（label）。

▲ 圖 1.1.4　監督式學習中分類與迴歸的關係

日常生活中常見的分類問題之一，就是垃圾郵件過濾器。由使用者自行判斷垃圾郵件並貼上標籤，作為目標變數，而寄件者與郵件內文則是特徵。使用者貼上標籤的資料愈多，機器學習就會進行得愈順利，預測的結果也會更精確。

除了分類問題，監督式學習中還有「迴歸問題」（Regression），可預測大小關係具有意義的數值。例如，先將「性別」與「身高」作為特徵資料輸入電腦，再輸入「腳掌長」作為答案資料（圖 1.1.5）。

在分類問題中，雖然可以將「男」視為 0、將「女」視為 1，也就是將標籤加以數值化，但此數值的大小關係並不具備任何意義。相對地，鞋子的尺寸，也就是「26.5cm」與「24cm」等數值的大小關係，則具有意義。預測這種具有意義的數值，就是所謂的迴歸。在迴歸問題中，我們會將目標變數視為一種連續值，因此像 23.7cm 這種並非一般鞋子尺寸的數值，也可能成為預測值。

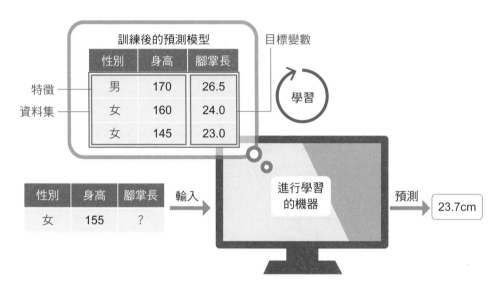

▲ 圖 1.1.5 　迴歸問題示意圖

　　本書將在第 2 章詳細介紹監督式學習的演算法。本書所介紹的監督式學習演算法如下：

圖鑑編號	演算法名稱	分類	迴歸
01	線性迴歸	×	○
02	正則化	×	○
03	羅吉斯迴歸	○	×
04	支持向量機	○	○
05	支持向量機（Kernel 法）	○	○
06	單純貝氏分類器	○	×
07	隨機森林	○	○
08	類神經網路	○	○
09	kNN	○	○

▲ 表 1.1.1 　監督式學習演算法在分類及迴歸的適用狀況

▶ 非監督式學習

上述的監督式學習，是同時透過特徵與目標變數（正確答案）來學習的方法，而非監督式學習則不會提供目標變數（正確答案）給電腦。

有些人可能會感到疑惑 —— 假如不告訴電腦答案，電腦要怎麼學習？在非監督式學習中，我們會先輸入特徵資料，再將這些資料加以轉換，以其他方式呈現，或是找出資料中的子集合；這麼做的主要目的是分析輸入資料的結構。

此外，相較於監督式學習，非監督式學習的結果較難以解釋，或是必須根據分析者的經驗來進行帶有主觀的解釋。這是因為監督式學習的指標，是「能不能正確地預測目標變數」；但採用非監督式學習時，則必須對輸入資料具有某種程度的先備知識，才能針對結果進行解釋。

以下將以「分析某國中的學生成績」為例，來說明非監督式學習。假設「擅長數學的學生，也很擅長理化，但不擅長國文和社會科」。

若使用非監督式學習最具代表性的方法 —— PCA（Principal Components Analysis, PCA）來分析輸入資料，便可得到一個新的軸，用來解釋名為「第一主成分」的資料（有關 PCA，詳見第 3 章圖鑑編號 10：PCA）。我們可以說，在第一主成分上的座標，「值愈小，就愈擅長數理；值愈大，就愈擅長文科」，同時如表 1.1.2 所示，我們可以將數學、理化、國文、社會等 4 種特徵呈現於 1 個軸上。

數學	理化	國文	社會		第一主成分上的座標
76	89	30	20		−56.1
88	92	33	29	PCA	−54.3
52	35	84	89	→	49.1
45	33	90	91		56.6
60	65	55	70		4.6

▲ 表 1.1.2　PCA 的範例

　　範例是因為採用了 PCA，才能清楚地解釋結果；換言之，我們必須根據輸入資料來選擇適切的演算法。近年來，非監督式學習在圖像及自然語言處理（Natural Language Processing）方面的研究大有斬獲，也是一個備受矚目的領域。前文介紹的 PCA，一般會歸類為**降維（Dimensionality Reduction）**；所謂的降維，是一種以最少的特徵去分析資料的方法。

　　非監督式學習中另有一種名為**分群（Clustering）**的分析方法，可將資料區分為多個群集（Cluster，由相似資料組成的群體），再加以分析。一般人很難直接看懂多變量資料（Multivariate Data，由 3 種以上變數組成的資料），但只要使用分群，便可用群集這種簡單的形式呈現。

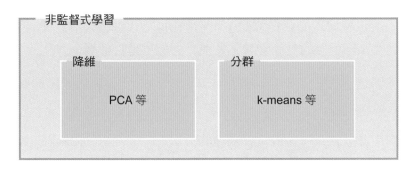

▲ 圖 1.1.6　非監督式學習中降維與分群的關係

　　本書將在第 3 章詳細介紹非監督式學習的演算法，各演算法名稱及適用的方法，列於表 1.1.3。

圖鑑編號	演算法名稱	降維	分群
10	PCA	○	×
11	LSA	○	×
12	NMF	○	×
13	LDA	○	×
14	k-means 分群法	×	○
15	高斯混合分布	×	○
16	LLE	○	×
17	t-SNE	○	×

▲ 表 1.1.3　非監督式學習演算法在降維及分群的適用狀況

▶ 強化學習

強化學習旨在學習如何使在某個環境中行動的智慧代理人（Agent）獲得最大效益，不過強化學習並不在本書討論範圍內。

舉例而言，強化學習就好比玩家（智慧代理人）在電玩（環境）中不斷嘗試錯誤，以獲取高分（效益），贏得最後的勝利。我們也可以將強化學習視為一種監督式學習，效益則相當於目標變數的值。

以電玩來比喻，玩家在遊戲中每個場景裡的行動有太多組合，想光靠人力來替每個動作評分是極為困難的。若將遊戲的場景與玩家的行動視為特徵，將分數視為目標變數，那麼玩家只要反覆玩幾次遊戲，電腦便能自動收集特徵與目標變數的組合。在強化學習中，反覆學習玩家在遊戲中的行動與遊戲結果，便能逐漸學會最有效益的行動。

機器學習的應用

機器學習可應用在各種領域，其中最有名的就是與汽車自動駕駛相關的研究；在文字資料的自動分類與自動翻譯方面，也有顯著的成果。在醫療領域，機器學習可用於分析 X 光片，幫助人們及早發現疾病。此外，在氣象資訊中，一直以來也有類似機器學習的應用。

近年電腦因為價格降低而大為普及，加速了機器學習相關研究的進展。網際網路與 IoT 等的發達，使我們可以輕鬆獲取大量的資料。

這個領域最有趣的地方，就是根據不同的資料選擇最適合的演算法，獲得前所未有的新發現。下一節，我們將學習機器學習的具體步驟，以期達到利用實際資料進行機器學習的目標。

1.2 機器學習的主要步驟

　　機器學習實際上究竟在做些什麼呢？本節的目標，就是讓讀者了解在學習機器學習的演算法時最重要的處理過程，以及機器學習的基本概念。

 ## 資料的重要性

　　進行機器學習時所必備的，就是一份大致整理過的資料。以資料為本，再依照既定的法則來學習，便能進行預測與推論。

　　若沒有資料，便無法進行機器學習，因此第一件工作就是收集資料。

　　本節將搭配範例資料，簡單明瞭地說明進行機器學習的一連串步驟。以下各範例的資料，皆取自最經典的免費機器學習資料庫 **scikit-learn**。

> **專欄** 　**資料收集與預處理的重要性**
>
> 　　想實際利用機器學習解決問題，就必須收集資料。有人會自己進行問卷調查，也有人選擇購買現有的資料。下一步必須做的，包括以人工方式替收集來的資料貼上答案標籤、將資料處理成便於進行機器學習的形式、刪除不必要的資料、補充來自其他來源的資料等。
>
> 　　有時也必須以平均數或變異數等統計學的角度來確認資料，或利用各種圖表將資料加以視覺化，掌握資料的輪廓；有時更必須進行資料庫正則化（Normalization）。
>
> 　　前述步驟稱為資料預處理（Data Preprocessing，又稱前處理）；一般認為，機器學習有 80%的時間都花在預處理上。

> **專欄　scikit-learn 套件**
>
> scikit-learn 是一個機器學習資料庫，機器學習所需的工具一應俱全。
>
> 此套件屬 BSD 授權，任何人都能免費使用。本書撰稿時（2019 年 3 月）的最新版本是 0.20.3。scikit-learn 內含多種監督式學習及非監督式學習的演算法、評估用的工具、方便的函數以及範例資料集等，是一種符合機器學習領域實質標準（De Facto Standard）的工具，操作方法具有一致性，在 Python 上也很好用。有關在 Python 環境下的設定及 scikit-learn 的安裝方法，請參閱本書第 5 章。

▶ 資料與學習的種類

前面曾提到「沒有資料，就無法進行機器學習」；但具體而言，機器學習究竟需要什麼樣的資料呢？

機器學習所需要的，是像二維表格一般的資料（根據解決問題的目的不同，可能會有例外）。用 Excel 來比喻，就是每欄各有一種顯示該資料特徵的資訊，而每列則分別填有相對應的資料。舉一個具體的例子來說，假設某學校裡有 4 名學生組成一個小組，每個學生都有姓名、身高、體重、出生年月日、性別等資訊，則可構成以下的表格形式資料。

姓名	身高	體重	出生年月日	性別
木村太郎	165	60	1995-10-02	男性
鈴木花子	150	45	1996-01-20	女性
佐藤次郎	170	70	1995-05-29	男性
山本良子	160	50	1995-08-14	女性

▲ 表 1.2.1　以表格形式呈現的學生資料

接下來，我們要嘗試透過機器學習來預測性別。

我們想預測的是性別，因此性別欄的「男性」、「女性」就是要進行預測的對象；預測對象的資料，英文為 target，在本書中稱為**目標變數**；但在分類問題中，也可能用**標籤**（**label**）或**類別標籤**（**class label**）等名稱。

除了性別以外的 4 個欄位（姓名、身高、體重、出生年月日），則是提供預測依據的基本資料，英文為 feature，在本書中稱為**特徵**；在某些狀況下也可稱為**解釋變數**（**Explanatory Variable**）或**輸入變數**（**Input Variable**）。

▶ 確認範例資料

接著，我們一起來看看 scikit-learn 套件裡的範例資料集。下面是鳶尾花（iris）資料集的一部分。Python 有一種處理資料的工具，叫做 pandas，它和 scikit-learn 一樣，可廣泛運用在各種不同情境中。使用 pandas 處理資料的方法，請參考本節的「使用 pandas 分析並處理資料」（P.053）。

以下是資料的概要。

▼範例程式碼

```python
import pandas as pd
from sklearn.datasets import load_iris


data = load_iris()
X = pd.DataFrame(data.data, columns=data.feature_names)
y = pd.DataFrame(data.target, columns=["Species"])
df = pd.concat([X, y], axis=1)
df.head()
```

	sepal length (cm)	sepal width (cm)	petal length (cm)	petal width (cm)	Species
0	5.1	3.5	1.4	0.2	0
1	4.9	3.0	1.4	0.2	0
2	4.7	3.2	1.3	0.2	0
3	4.6	3.1	1.5	0.2	0
4	5.0	3.6	1.4	0.2	0

▲ 表 1.2.2　鳶尾花資料集的一部分

　　各欄的資料依序為「sepal length (cm)」、「sepal width (cm)」、「petal length (cm)」、「petal width (cm)」、「Species」等 5 種。翻譯為中文，分別是「花萼長度」、「花萼寬度」、「花瓣長度」、「花瓣寬度」與「品種」。前面四欄為特徵，最後一欄「品種」則是目標變數。在這份資料集中，目標變數會以 0 ／ 1 ／ 2 這 3 種數值呈現。

　　本書將使用 scikit-learn 來說明範例程式碼，讀者可透過接下來的段落掌握 scikit-learn 的概要。不過，本書並沒有針對 scikit-learn 的所有功能詳述，想深入了解 scikit-learn 的讀者，請參考官方文件（http://scikit-learn.org/stable/documentation.html）或其他相關書籍。

▶ 監督式學習（分類）範例

　　接下來，我們要一步一步學會監督式學習分類問題的實作步驟。請依序閱讀例題及實作。

例題

本例題使用的是美國威斯康辛州的乳癌相關資料集。這份資料集中有 30 個特徵，目標變數為「良性」和「惡性」。資料共有 569 筆，其中惡性（M）有 212 筆，良性（B）有 357 筆。也就是說，我們要根據 30 個特徵來判斷案例為惡性或良性，進行二元分類。

首先讓我們瀏覽這個資料集的概要。

	mean radius	mean texture	mean perimeter	mean area	mean smoothness	mean compactness	mean concavity	mean concave points	mean symmetry	mean fractal dimension
0	17.99	10.38	122.80	1001.0	0.11840	0.27760	0.3001	0.14710	0.2419	0.07871
1	20.57	17.77	132.90	1326.0	0.08474	0.07864	0.0869	0.07017	0.1812	0.05667
2	19.69	21.25	130.00	1203.0	0.10960	0.15990	0.1974	0.12790	0.2069	0.05999
3	11.42	20.38	77.58	386.1	0.14250	0.28390	0.2414	0.10520	0.2597	0.09744
4	20.29	14.34	135.10	1297.0	0.10030	0.13280	0.1980	0.10430	0.1809	0.05883

-	worst texture	worst perimeter	worst area	worst smoothness	worst compactness	worst concavity	worst concave points	worst symmetry	worst fractal dimension
......	17.33	184.60	2019.0	0.1622	0.6656	0.7119	0.2654	0.4601	0.11890
......	23.41	158.80	1956.0	0.1238	0.1866	0.2416	0.1860	0.2750	0.08902
......	25.53	152.50	1709.0	0.1444	0.4245	0.4504	0.2430	0.3613	0.08758
......	26.50	98.87	567.7	0.2098	0.8663	0.6869	0.2575	0.6638	0.17300
......	16.67	152.20	1575.0	0.1374	0.2050	0.4000	0.1625	0.2364	0.07678

▲ 表 1.2.3　乳癌資料集的一部分

從 scikit-learn 套件讀取這份資料。

▽範例程式碼

```
from sklearn.datasets import load_breast_cancer
data = load_breast_cancer()
```

匯入欲讀取 scikit-learn 資料集的函數，將讀取的資料存放於變數 data。

接著，將資料集中的特徵代入 X、目標變數代入 y。

▼範例程式碼

```
X = data.data
y = data.target
```

X 可視為由多種特徵構成的向量所組成之矩陣，因此照慣例使用大寫英文字母表示變數名稱。y 為目標變數的向量，以數值表示；當結果為惡性（M）時，顯示為 0，當結果為良性（B）時，顯示為 1。

X 是一個 569×30 的資料，可視為一個 569 列 30 行的矩陣。y 雖是向量，但可視為一個 569 列 1 行的矩陣，因此 X 和 y 的每一列都互相對應。例如特徵 X 的第 10 列，對應的便是目標變數 y 的第 10 個元素。

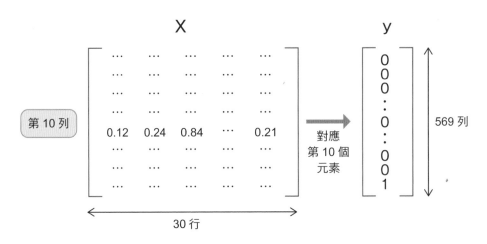

▲ 圖 1.2.1　第 10 個元素互相對應

若要詳細討論這份資料的內容，必須具備醫學方面的知識，但現在我們只把這份資料視為單純的數值，進行監督式學習的二元分類。特徵共有 30 個，分為半徑、紋理、面積等 10 種項目，而各項目都有平均值、錯誤

值與最壞值。接下來將鎖定平均值。

平均值										
mean radius	mean texture	mean perimeter	mean area	mean smoothness	mean compactness	mean concavity	mean concave points	mean symmetry	mean fractal dimension	接下列

	錯誤值									
承上列	radius error	texture error	perimeter error	area error	smoothness error	compactness error	concavity error	concave points error	symmetry error	fractal dimension error	接下列

	最壞值								
承上列	worst radius	worst texture	worst area	worst smoothness	worst compactness	worst concavity	worst concave points	worst symmetry	worst fractal dimension

▲ 圖 1.2.2　特徵的種類

▼範例程式碼

```
X = X[:, :10]
```

在這個步驟裡，我們針對平均值重新代入變數 X，以鎖定 10 個特徵。

▶ 實作

接著，我們要根據美國威斯康辛州的乳癌相關數據，製作一個能進行二元分類的已訓練模型。在這裡，我們使用的是適用於分類的演算法 —— 羅吉斯迴歸（Logistic Regression，又稱邏輯迴歸）。雖然此演算法的名稱中有「迴歸」二字，但可用於分類；詳細說明請參考第 2 章的圖鑑編號 03：羅吉斯迴歸。

▼範例程式碼

```
from sklearn.linear_model import LogisticRegression
model = LogisticRegression()
```

> **注意** 在 scikit-learn 中，將模型初始化或執行學習時，有時會跳出「Future Warning」的警示；此警示為提醒使用者某些功能即將變更，也會在學習未完成時出現。本書並無特別記載出現警示的時機，若跳出警示，請確認警示內容並採取必要之應對措施。

匯入 scikit-learn 的 LogisticRegression 類別，以使用羅吉斯迴歸模型。接著，產生 LogisticRegression 的物件，把初始化的模型代入 model。

▼範例程式碼

```
model.fit(X, y)
```

使用 model（LogisticRegression 的物件）的 fit 成員函式進行學習，以特 X 與目標變數 y 作為引數。

透過 fit 成員函式，讓 model 成為已訓練模型。

▼範例程式碼

```
y_pred = model.predict(X)
```

使用已訓練模型 model 的 predict 成員函式來進行預測。透過學習時所使用的特徵 X 進行預測，將預測之結果代入變數 y_pred。

▎評估方法

接下來介紹分類的評估方法。

首先要看的是正確率（有關正確率的詳細說明，請參考第 4 章）。我們可以使用 scikit-learn 的 accuracy_score 函數來確認正確率。

▼範例程式碼

```
from sklearn.metrics import accuracy_score
accuracy_score(y, y_pred)
```

0.9086115992970123

輸出的結果，就是根據正確答案目標變數 y 及已訓練模型所預測之 y_pred，所計算出的正確率。

在一般狀況下，必須另外準備一份沒有用於學習的資料來進行確認；這與監督式學習中十分重要的過度擬合（overfitting）問題息息相關。

監督式學習的目標是針對未知的資料做出準確的預測，不過現在我們是透過用於學習的資料來推算正確率；這意味著，我們無法得知此模型在未用於學習的未知資料上表現如何，也不知道它是否為良好的已訓練模型。相關說明詳見第 4 章「評估方法及各種資料的運用」之「模型的過度擬合」。

進行評估時，還有其他重點必須考量。例如，某些資料基於其特性而無法正確分類，光看正確率是否能保證結果正確無誤？

此範例中使用的資料為惡性 212 筆、良性 357 筆，算是某種程度平均分布的資料；若良性與惡性的比例明顯過於懸殊，那麼便無法單靠正確率正確地評估結果。

假設有一份 30 ～ 39 歲民眾之癌症篩檢報告資料集；一般而言，診斷出惡性的百分比例僅為個位數，絕大多數應為無異常或良性。若是這種類型的資料，即使是將所有案例判斷為良性的模型，正確率也會很高，因此無法只靠正確率做出正確的評估。

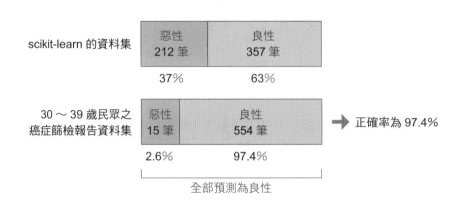

▲ 圖 1.2.3　無法以正確率做出正確評估之示意圖

上述內容將於第 4 章詳述。

非監督式學習（分群）範例

接下來介紹非監督式學習群集問題的實作步驟。這裡也和監督式學習一樣使用 scikit-learn 套件。

▶ 例題

使用於例題的資料，是 scikit-learn 套件中一份與葡萄酒種類相關的資料集。此資料集有 13 個特徵，目標變數為葡萄酒的種類。本節旨在說明非監督式學習中的分群，因此不使用目標變數。為了簡化問題，我們僅從 13 個特徵中挑出 alcohol（酒精度數）與 color_intensity（色彩濃度）這兩個特徵使用。首先，利用 k-means 分群法，將資料分割為 3 個群集。

	alcohol	malic_acid	ash	alcalinity_of_ash	magnesium	total_phenols	flavanoids	nonflavanoid_phenols	proanthocyanins	color_intensity	hue	od280/od315_of_diluted_wines	proline
0	14.23	1.71	2.43	15.6	127.0	2.80	3.06	0.28	2.29	5.64	1.04	3.92	1065.0
1	13.20	1.78	2.14	11.2	100.0	2.65	2.76	0.26	1.28	4.38	1.05	3.40	1050.0
2	13.16	2.36	2.67	18.6	101.0	2.80	3.24	0.30	2.81	5.68	1.03	3.17	1185.0
3	14.37	1.95	2.50	16.8	113.0	3.85	3.49	0.24	2.18	7.80	0.86	3.45	1480.0
4	13.24	2.59	2.87	21.0	118.0	2.80	2.69	0.39	1.82	4.32	1.04	2.93	735.0

▲ 表 1.2.4　葡萄酒資料集的特徵

	alcohol	color_intensity
0	14.23	5.64
1	13.20	4.38
2	13.16	5.68
3	14.37	7.80
4	13.24	4.32

▲ 表 1.2.5　本範例使用的 2 個特徵

從 scikit-learn 套件中呼叫此資料集。

▼範例程式碼

```
from sklearn.datasets import load_wine

data = load_wine()
```

匯入欲讀取 scikit-learn 資料集的函數，將讀取的資料存放於變數 data。

為了以二維圖表呈現視覺化的結果，僅於 alcohol 及 color_intensity 這 2 欄代入 X。

▼範例程式碼

```
X = data.data[:, [0, 9]]
```

特徵 X 為 178 列 × 2 行的資料。

▶ 實作

使用 k-means 進行分群。

▼ 範例程式碼

```
from sklearn.cluster import KMeans
n_clusters = 3
model = KMeans(n_clusters=n_clusters)
```

匯入 KMeans 類別，實際執行 k-means 分群法。

將 KMeans 類別初始化，代入變數 model 作為學習前模型，並使用 n_clusters 關鍵字引數指定分為 3 個群集。

▼ 範例程式碼

```
pred = model.fit_predict(X)
```

將特徵資料代入學習前模型 model 的 fit_predict 成員函式，在學習的同時，也進行預測。將預測結果代入變數 pred。

接著，確認代入 pred 之資料的分群狀況。

▶ 確認結果

透過資料視覺化，確認分群結果。

本範例使用 2 個特徵，因此可以透過繪製二維圖表將資料視覺化。圖

1.2.4 是分群結果圖,一個點代表一種葡萄酒;透過顏色,可以掌握每種葡萄酒的所屬群集。黃色的星號稱為群集中心,分別是 3 個群集的代表點。

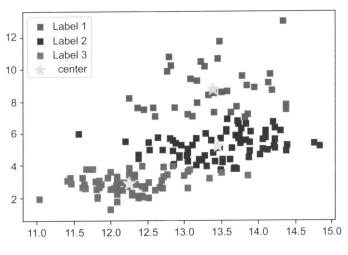

▲ 圖 1.2.4　特徵的視覺化結果

　　葡萄酒資料原本以酒精度數與色彩濃度這兩個變數呈現,而以圖表呈現後,它們分別屬於哪個群集便一目了然。另外,各群集分別擁有什麼樣的特徵,也可以藉由群集中心的數值來掌握,例如群集 3 的特徵就是「酒精度數偏低,色彩濃度偏淡」。

　　以 k-means 進行分群時,並非由人類事先提供像「酒精度數在 0% 以上者,屬於群集 1」這樣的規則,而是由演算法自動分群。換言之,也可以運用在葡萄酒以外的各種資料上。

　　關於非監督式學習的評估方法,將於第 3 章介紹的各演算法章節中詳述,請參考。

視覺化

視覺化是透過圖表掌握資料概要或整體輪廓的方法，在機器學習領域裡可用於各種情境，非常普遍。透過圖表，我們可以得知資料的概況，也可以確認機器學習的結果。

接下來我們要學習利用 Python 將資料視覺化的方法。本書中許多圖表皆為視覺化結果。

工具介紹

以下將使用一般常用的 Python 視覺化工具 —— 具有多種視覺化功能的 Matplotlib（https://matplotlib.org/）。視覺化時，必須針對座標軸、標籤、配置與配色等各種項目進行設定，若想呈現一張漂亮的圖，必須撰寫好幾行的 Python 程式碼。程式碼的行數增加，導致看起來似乎很難，但真正重要的程式碼其實只有幾行。

只要懂得利用 Matplotlib 進行視覺化，便能輕鬆掌握資料的落差狀況與特徵，因此建議各位務必學會。

除了 Matplotlib，還有其他幾個適用 Python 的視覺化工具，以下為其名稱與概要。

- **pandas**（http://pandas.pydata.org/）
  處理時間序列相關資料的資料集，也具備視覺化功能。

- **seaborn**（http://seaborn.pydata.org/）
  以 Matplotlib 為基礎，但繪圖功能更高階，也更好上手。

- **Bokeh**（https://bokeh.pydata.org/en/latest/）
  使用 JavaScript，可呈現動態圖形。

▶ 在瀏覽器顯示

透過瀏覽器，可輕鬆確認資料視覺化的結果。

● Jupyter Notebook

Jupyter Notebook（http://jupyter.org/）是一種可在瀏覽器上執行 Python 等程式語言的環境（圖 1.2.5）。

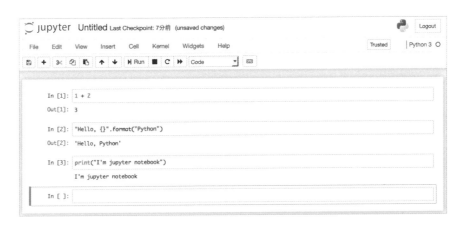

▲ 圖 1.2.5　在 Jupyter Notebook 執行 Python 程式碼

請依序閱讀例題與實作。

接下來，我們要在 Jupyter Notebook 執行 Python 程式碼及機器學習的實驗。除了 Python 外，Jupyter Notebook 亦可支援 R 及其他程式語言。

詳細的安裝及環境設定方法，請見第 5 章「環境設置」。

• 啟動

Jupyter Notebook 安裝完畢後，便可使用 jupyter 指令。在命令提示字

元（command promp）或終端機（terminal）中執行 jupyter notebook。

```
$ jupyter notebook
```

執行指令後，瀏覽器便會自動開啟，顯示現行目錄（current directory）中的檔案與資料夾一覽（圖 1.2.6）。在瀏覽器的儲存格（cell）中輸入程式碼，便能顯示執行結果。執行結果會存成記事本格式的檔案，副檔名為 .ipynb。用自己的電腦開啟別人寫的 .ipynb，逐一執行儲存格，便能依序確認執行結果。另外，也可以在處理過程中確認變數或改變條件重新執行，確認不同的結果。

若將此檔案放進 GitHub，不但能分享執行結果，還可以在 GitHub 上顯示執行結果的圖像。

▲ 圖 1.2.6　檔案一覽

• 使用方法

點選右上的 New，選擇 Python3（圖 1.2.7），建立一個記事本格式的新檔案。

▲ 圖 1.2.7　建立新記事本

用瀏覽器開一個新檔案。

在儲存格中輸入程式碼。儲存格有許多種類，可從下拉式選單選擇 Code 或 Markdown 等動作。預設為 Code，因此會被辨識為可執行的儲存格（圖 1.2.8）。

▲ 圖 1.2.8　可執行的記事本

在儲存格輸入程式碼後，可用 [Enter] 鍵在儲存格裡換行，同時按下 [Ctrl] 鍵＋ [Enter] 鍵可執行程式碼，同時按下 [Shift] 鍵＋ [Enter] 鍵則可在執行後移至下一個儲存格。

點選上方的 Untitled 可以變更檔名（圖 1.2.9）；檔名變更後，會自動儲存為副檔名為 .ipynb 的檔案。

▲ 圖 1.2.9　變更記事本檔名

若想儲存目前的狀態，可以從選單中點選 Save and Checkpoint 存檔。

以上是 Jupyter Notebook 的簡要使用說明，若想知道其他方便的功能，請參考官方網站、相關文章與書籍，裡面都有詳盡的介紹。

圖的種類與繪製方法：使用 Matplotlib 繪圖

▶ 圖的顯示方法

現在，我們要在 Jupyter Notebook 裡呈現一張圖表。只要在 Code 儲存格裡執行 %matplotlib inline 這種以 % 開頭的魔術指令（magic command），那麼即使不執行下面介紹的 show 成員函式，也能繪圖（圖 1.2.10）。

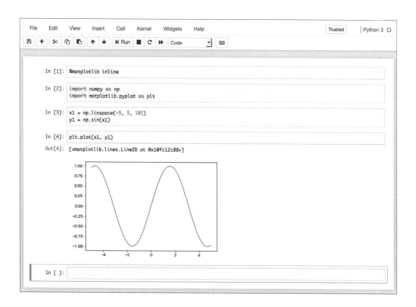

▲ 圖 1.2.10　在記事本中顯示圖表

下為圖 1.2.10 的程式碼。

▼範例程式碼
```
import numpy as np
import matplotlib.pyplot as plt
```

匯入 numpy 以建立檔案，匯入 matplotlib 以進行繪圖。NumPy 是 Python 的第三方套件，能以陣列處理資料並進行高速運算。一般習慣使用簡寫，也就是用 np 來取代 numpy、用 plt 來取代 matplotlib 的 pyplot。

接下來以 sin 曲線為例來呈現一張圖表。

▼範例程式碼
```
x1 = np.linspace(-5, 5, 101)
y1 = np.sin(x1)
```

- 為了繪製 sin 曲線，首先將 x1 定義為在 -5 至 5 的範圍內產生之 101 個點

- 使用 NumPy 的 sin 函數，在 y1 產生資料

以下為使用 Matplotlib 繪製 sin 曲線圖之範例。

最簡單的繪圖方法為 plt.plot(x1, y1)（圖 1.2.11）。

▼範例程式碼
```
plt.plot(x1, y1)
```

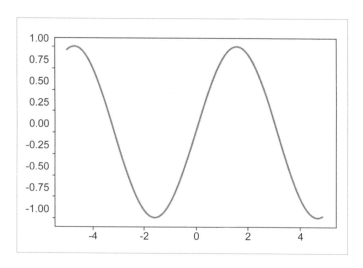

▲ 圖 1.2.11　sin 曲線圖

接下來為各位介紹用 Matplotlib 繪圖的標準方法。上述的 plt.plot 較為簡略，以此方法繪圖時，繪製對象並不明確，只是粗略地下達「在這裡輸出圖形」的指令而已。嚴格來說，應該先製作物件，再輸出圖形，方法如下（圖 1.2.12）。

▼範例程式碼

```
fig, ax = plt.subplots()
ax.set_title("Sin")
ax.set_xlabel("rad")
ax.plot(x1, y1)
handles, labels = ax.get_legend_handles_labels()
ax.legend(handles, labels)
plt.show()
```

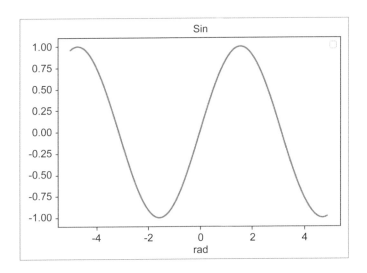

▲ 圖 1.2.12　製作物件後再繪圖

　　此程式碼包括顯示標籤與軸的名稱等指令，因此共有 6 行，但繪圖的主要程式碼為 ax.plot(x1, y1)。雖然以此方式撰寫較為理想，但若想輸出簡易圖形，亦可寫成 plt.plot(x1, y1)。請記得繪圖有兩種方法：一種是簡易的 plt.plot，另一種是較嚴謹的 ax.plot 這種物件導向方式。最後，執行 plt.show()。此時若已事先執行魔術指令 %matplotlib inline，則無須特地呼叫 show。上述程式碼在非 Jupyter Notebook 環境下執行時亦可輸出圖形。

▍繪製各種圖形

　　首先建立一個繪圖用的檔案。

▼範例程式碼

```
x2 = np.arange(100)
y2 = x2 * np.random.rand(100)
```

將 0 ～ 99 的整數陣列代入 x2。

在 0 ～ 1 內亂數決定 100 個陣列，乘以變數 x2 後，將結果代入 y2。

使用上述 2 個變數繪製各種圖形。

下面是幾種以簡易方式針對 plt 下達繪圖指示的範例。上述能表示明確位置的 ax 也同樣可以繪圖。

● 散佈圖（Scatter Plot）

使用 scatter 繪製散佈圖。

▼範例程式碼

```
plt.scatter(x2, y2)
```

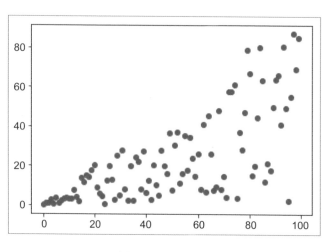

▲ 圖 1.2.13　散佈圖

輸出 x2 與 y2 的散佈圖（圖 1.2.13）。

● 直方圖（**Histogram**）

使用 hist 繪製直方圖。

▼範例程式碼

```
plt.hist(y2, bins=5)
```

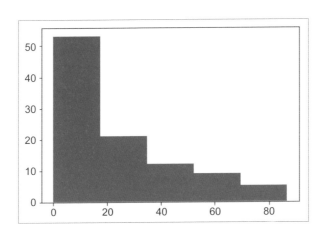

▲ 圖 1.2.14　直方圖

將 y2 的 bin 設定為 5，輸出直方圖（圖 1.2.14）。

● 直條圖（**Bar Graph**）

使用 bar 繪製直條圖。

▼範例程式碼

```
plt.bar(x2, y2)
```

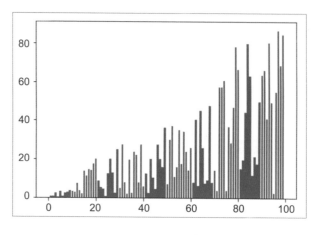

▲ 圖 1.2.15　直條圖

輸出 x2 與 y2 的直條圖（圖 1.2.15）。

● 折線圖（Line Graph）

使用 plot 繪製折線圖。

▼ 範例程式碼

```
plt.plot(x2, y2)
```

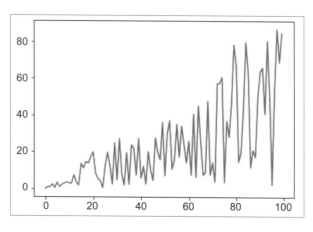

▲ 圖 1.2.16　折線圖

輸出 x2 與 y2 的折線圖（圖 1.2.16）。

● 箱形圖（Box Plot）

使用 boxplot 繪製箱形圖。

▾範例程式碼

```
plt.boxplot(y2)
```

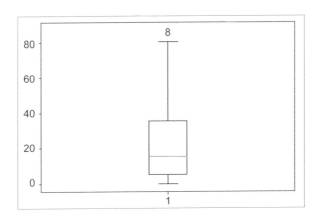

▲ 圖 1.2.17　箱形圖

將 y2 的資料以箱形圖輸出（圖 1.2.17）。箱形圖是一種便於確認資料分布的視覺化方法。

▌▶ 葡萄酒資料集

接下來，我們要將 scikit-learn 中的葡萄酒相關資料加以視覺化。

▼範例程式碼

```
from sklearn.datasets import load_wine
data = load_wine()
```

讀取葡萄酒相關資料，放入變數 data 中。

▼範例程式碼

```
x3 = data.data[:, [0]]
y3 = data.data[:, [9]]
```

將 index 0 的 alcohol（酒精度數）代入 x3，將 index 9 的 color_intensity（色彩濃度）代入 y3。

輸出散佈圖。

▼範例程式碼

```
plt.scatter(x3, y3)
```

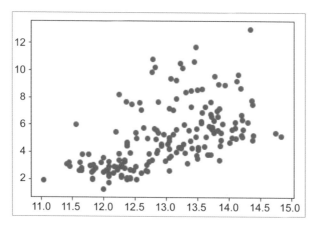

▲ 圖 1.2.18　葡萄酒資料集的散佈圖

輸出 y3 的直方圖（圖 1.2.19）。

▼ 範例程式碼

```
plt.hist(y3, bins=5)
```

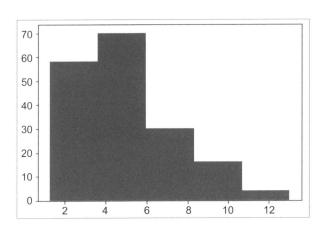

▲ 圖 1.2.19　y3 的直方圖

　　將與葡萄酒資料集相關的這兩張圖視覺化，便能幫助我們確認資料的特性。

使用 pandas 分析並處理資料

> **注意** 進行機器學習時，通常會需要確認特徵、對資料做出取捨或重新處理資料。接下來將為各位介紹利用 pandas 進行資料視覺化的功能，藉此掌握資料的概要。已熟悉 pandas 的基本操作或想先閱讀機器學習演算法的讀者，可以跳過本節。

　　現在為各位介紹利用 pandas 進行資料視覺化的便利功能。

▼範例程式碼

```
import pandas as pd
```

匯入常用於處理機器學習所需資料的 pandas。如同將 numpy 簡寫為 np，一般習慣將其設定為以 pd 也能呼叫。

▼範例程式碼

```
from sklearn.datasets import load_wine
data = load_wine()
df_X = pd.DataFrame(data.data, columns=data.feature_names)
```

同上，將葡萄酒資料轉換為 pandas 的 DataFrame 格式。

DataFrame 很適合處理像 Excel 般的二維資料。可以用 pd.DataFrame 把特徵值轉換成 DataFrame 放到 df_X。

▼範例程式碼

```
df_X.head()
```

	alcohol	malic_acid	ash	alcalinity_of_ash	magnesium	total_phenols	flavanoids	nonflavanoid_phenols	proanthocyanins	color_intensity	hue	od280/od315_of_diluted_wines	proline
0	14.23	1.71	2.43	15.6	127.0	2.80	3.06	0.28	2.29	5.64	1.04	3.92	1065.0
1	13.20	1.78	2.14	11.2	100.0	2.65	2.76	0.26	1.28	4.38	1.05	3.40	1050.0
2	13.16	2.36	2.67	18.6	101.0	2.80	3.24	0.30	2.81	5.68	1.03	3.17	1185.0
3	14.37	1.95	2.50	16.8	113.0	3.85	3.49	0.24	2.18	7.80	0.86	3.45	1480.0
4	13.24	2.59	2.87	21.0	118.0	2.80	2.69	0.39	1.82	4.32	1.04	2.93	735.0

▲ 表 1.2.6 葡萄酒資料

呼叫 head 成員函式，輸出最前面的 5 列。此指令多用於確認資料內容。

接著將葡萄酒資料的目標變數轉換為 pandas 的 DataFrame。

```
df_y = pd.DataFrame(data.target, columns=["kind(target)"])
```

確認轉換後的資料。同上，呼叫 head 成員函式。

▼範例程式碼

```
df_y.head()
```

	kind(target)
0	0
1	0
2	0
3	0
4	0

▲ 表 1.2.7　葡萄酒資料的目標變數

確認 df_y 已轉換為目標變數資料。

將上述資料加以連結，以便使用。用 pandas 的 concat 連結特徵 df_X 與目標變數 df_y。

▼範例程式碼

```
df = pd.concat([df_X, df_y], axis=1)
```

輸出開頭的資料。

▼範例程式碼

```
df.head()
```

	alcohol	malic_acid	ash	alcalinity_of_ash	magnesium	total_phenols	flavanoids	nonflavanoid_phenols	proanthocyanins	color_intensity	hue	od280/od315_of_diluted_wines	proline	kind (target)
0	14.23	1.71	2.43	15.6	127.0	2.80	3.06	0.28	2.29	5.64	1.04	3.92	1065.0	0
1	13.20	1.78	2.14	11.2	100.0	2.65	2.76	0.26	1.28	4.38	1.05	3.40	1050.0	0
2	13.16	2.36	2.67	18.6	101.0	2.80	3.24	0.30	2.81	5.68	1.03	3.17	1185.0	0
3	14.37	1.95	2.50	16.8	113.0	3.85	3.49	0.24	2.18	7.80	0.86	3.45	1480.0	0
4	13.24	2.59	2.87	21.0	118.0	2.80	2.69	0.39	1.82	4.32	1.04	2.93	735.0	0

▲ 表 1.2.8　葡萄酒資料的特徵與目標變數

使用 head 成員函式，輸出連結後的前 5 列結果。如此便完成了連結特徵與目標變數的資料。

接著介紹如何繪圖以及如何解讀數值。

▼ 範例程式碼

```
plt.boxplot(df.loc[:, "alcohol"])
```

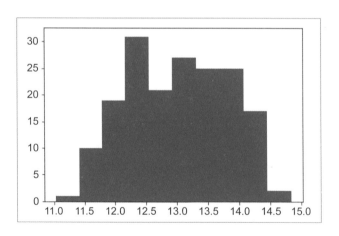

▲ 圖 1.2.20　分割為 10 長條的直方圖

將 alcohol 欄的資料繪製成直方圖（圖 1.2.20）。由於沒有指定 bins 關

鍵字引數，因此使用預設值，將資料分割為 10 個長條。

▼ 範例程式碼

```
plt.boxplot(df.loc[:, "alcohol"])
```

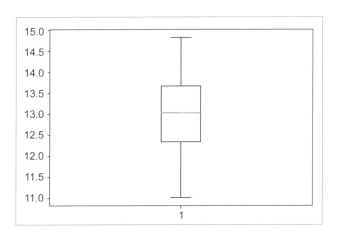

▲ 圖 1.2.21　以箱形圖呈現 alcohol 欄的資料

同樣地，將 alcohol 欄的資料繪製成箱形圖（圖 1.2.21）。

接下來使用 pandas 的計算功能。

▼ 範例程式碼

```
df.corr()
```

零基礎入門的機器學習圖鑑

	alcohol	malic_acid	ash	alcalinity_of_ash	magnesium	total_phenols	flavanoids	nonflavanoid_phenols	proanthocyanins	color_intensity	hue	od280/od315_of_diluted_wines	proline	kind(target)
alcohol	1.000000	0.094397	0.211545	-0.310235	0.270798	0.289101	0.236815	-0.155929	0.136698	0.546364	-0.071747	0.072343	0.643720	-0.328222
malic_acid	0.094397	1.000000	0.164045	0.288500	-0.054575	-0.335167	-0.411007	0.292977	-0.220746	0.248985	-0.561296	-0.368710	-0.192011	0.437776
ash	0.211545	0.164045	1.000000	0.443367	0.286587	0.128980	0.115077	0.186230	0.009652	0.258887	-0.074667	0.003911	0.223626	-0.049643
alcalinity_of_ash	-0.310235	0.288500	0.443367	1.000000	-0.083333	-0.321113	-0.351370	0.361922	-0.197327	0.018732	-0.273955	-0.276769	-0.440597	0.517859
magnesium	0.270798	-0.054575	0.286587	-0.083333	1.000000	0.214401	0.195784	-0.256294	0.236441	0.199950	0.055398	0.066004	0.393351	-0.209179
total_phenols	0.289101	-0.335167	0.128980	-0.321113	0.214401	1.000000	0.864564	-0.449935	0.612413	-0.055136	0.433681	0.699949	0.498115	-0.719163
flavanoids	0.236815	-0.411007	0.115077	-0.351370	0.195784	0.864564	1.000000	-0.537900	0.652692	-0.172379	0.543479	0.787194	0.494193	-0.847498
nonflavanoid_phenols	-0.155929	0.292977	0.186230	0.361922	-0.256294	-0.449935	-0.537900	1.000000	-0.365845	0.139057	-0.262640	-0.503270	-0.311385	0.489109
proanthocyanins	0.136698	-0.220746	0.009652	-0.197327	0.236441	0.612413	0.652692	-0.365845	1.000000	-0.025250	0.295544	0.519067	0.330417	-0.499130
color_intensity	0.546364	0.248985	0.258887	0.018732	0.199950	-0.055136	-0.172379	0.139057	-0.025250	1.000000	-0.521813	-0.428815	0.316100	0.265668
hue	-0.071747	-0.561296	-0.074667	-0.273955	0.055398	0.433681	0.543479	-0.262640	0.295544	-0.521813	1.000000	0.565468	0.236183	-0.617369
od280/od315_of_diluted_wines	0.072343	-0.368710	0.003911	-0.276769	0.066004	0.699949	0.787194	-0.503270	0.519067	-0.428815	0.565468	1.000000	0.312761	-0.788230
proline	0.643720	-0.192011	0.223626	-0.440597	0.393351	0.498115	0.494193	-0.311385	0.330417	0.316100	0.236183	0.312761	1.000000	-0.633717
kind(target)	-0.328222	0.437776	-0.049643	0.517859	-0.209179	-0.719163	-0.847498	0.489109	-0.499130	0.265668	-0.617369	-0.788230	-0.633717	1.000000

▲ 表 1.2.9　相關係數

使用 corr 成員函式算出相關係數並輸出。相關係數愈接近 1，就表示兩者之正相關愈強；愈接近 -1，則表示兩者具有負相關。也就是說，若數值接近 0，就表示兩者之間的相關性很低。

下面介紹另一種掌握資料概要的方法。

▼ 範例程式碼

```
df.describe()
```

	alcohol	malic_acid	ash	alcalinity_of_ash	magnesium	total_phenols	flavanoids	nonflavanoid_phenols	proanthocyanins	color_intensity	hue	od280/od315_of_diluted_wines	proline	kind(target)
count	178.000000	178.000000	178.000000	178.000000	178.000000	178.000000	178.000000	178.000000	178.000000	178.000000	178.000000	178.000000	178.000000	178.000000
mean	13.000618	2.336348	2.366517	19.494944	99.741573	2.295112	2.029270	0.361854	1.590899	5.058090	0.957449	2.611685	746.893258	0.938202
std	0.811827	1.117146	0.274344	3.339564	14.282484	0.625851	0.998859	0.124453	0.572359	2.318286	0.228572	0.709990	314.907474	0.775035
min	11.030000	0.740000	1.360000	10.600000	70.000000	0.980000	0.340000	0.130000	0.410000	1.280000	0.480000	1.270000	278.000000	0.000000
25%	12.362500	1.602500	2.210000	17.200000	88.000000	1.742500	1.205000	0.270000	1.250000	3.220000	0.782500	1.937500	500.500000	0.000000
50%	13.050000	1.865000	2.360000	19.500000	98.000000	2.355000	2.135000	0.340000	1.555000	4.690000	0.965000	2.780000	673.500000	1.000000
75%	13.677500	3.082500	2.557500	21.500000	107.000000	2.800000	2.875000	0.437500	1.950000	6.200000	1.120000	3.170000	985.000000	2.000000
max	14.830000	5.800000	3.230000	30.000000	162.000000	3.880000	5.080000	0.660000	3.580000	13.000000	1.710000	4.000000	1680.000000	2.000000

▲ 表 1.2.10　統計資料

可用 describe 成員函式輸出每一欄的統計資料。資料內容由上至下依序為數量、平均值、標準誤差、最小值、第 25 百分位數、中間值、第 75 百分位數以及最大值。透過統計資料，可以掌握各欄的資料分別有什麼特性、是否有缺陷等。

接下來使用 pandas 的功能，將各欄關係全部視覺化（圖 1.2.22）。

使用 scatter_matrix 繪製散佈圖矩陣。本範例是將 14 欄全部輸出。

▼範例程式碼

```
from pandas.plotting import scatter_matrix
_ = scatter_matrix(df, figsize=(15, 15))
```

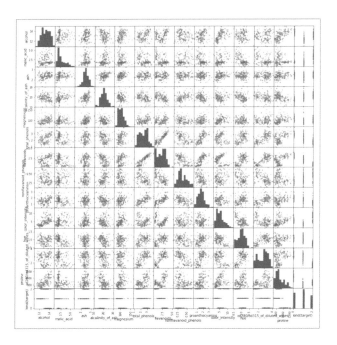

▲ 圖 1.2.22　各欄的關係

鎖定某一欄，確認部分欄位的關聯性。

▼範例程式碼

```
_ = scatter_matrix(df.iloc[:, [0, 9, -1]])
```

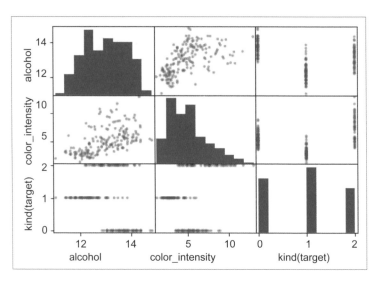

▲ 圖 1.2.23　重要欄位之關係

輸出散佈圖中 index0、9 與最末欄的圖形（圖 1.2.23）。如前所述，只要縮減散佈圖矩陣的輸出欄，便能觀察細部狀況。

◣ 小結

本章前半部介紹了機器學習的基礎知識，包括監督式學習、非監督式學習等方法，以及適合分類問題、迴歸問題、降維、分群等的演算法。

後半部則介紹了機器學習資料庫 scikit-learn，以監督式學習（分類）

與非監督式學習（分群）為例，進行實作。最後也介紹了資料視覺化的工具 Matplotlib，學會如何繪圖。

　　到這裡為止，事前準備便告一段落，下一章我們將開始學習機器學習的各種演算法。

第 2 章

監督式學習

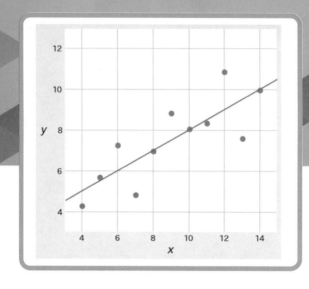

線性迴歸

01

線性迴歸（Linear Regression）是一種容易理解的基本演算法，可用於進行迴歸問題的預測。根據訓練資料計算出能將誤差降至最低的參數，是監督式學習共通的框架。

▶ 概要

　　線性迴歸是一種能呈現「隨著某個解釋變數增加，目標變數也會增加（或減少）」的關聯性，並建立模型的方法。以表 2.1.1 中解釋變數 x 與目標變數 y 的組合為例，若以此數據為基礎，透過線性迴歸建立模型，便能得到如圖 2.1.1 的直線。

　　圖 2.1.1 的直線，可以用 $y = w_0 + w_1 x$ 來表示。這個方程式是在國中學過的線性函數，w_1 相當於斜率（或權重），w_0 相當於與 y 軸的截距。斜率 w_1 和截距 w_0 是透過監督式學習演算法學習的參數，因此也稱為模型參

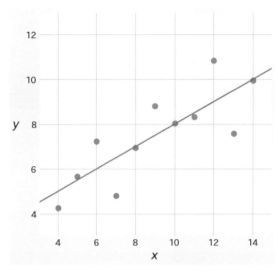

i	x	y
0	10.0	8.04
1	8.0	6.95
2	13.0	7.58
3	9.0	8.81
4	11.0	8.33
5	14.0	9.96
6	6.0	7.24
7	4.0	4.26
8	12.0	10.84
9	7.0	4.82
10	5.0	5.68

▲ 圖 2.1.1　線性迴歸　　　　▲ 表 2.1.1　解釋變數 x 與目標變
　　　　　　　　　　　　　　　　　　　　　　數 y 的組合

數。接下來的「演算法」，將說明在線性迴歸中可以用哪些方法求得模型
參數。

線性迴歸一般會使用 1 個以上的解釋變數來建立模型；而只有 1 個獨
立的解釋變數時，則稱為簡單線性迴歸（Simple Linear Regression）。

▶ 演算法

在 $y = w_0 + w_1 x$ 這條直線上取 2 個相異的點，便能求得 w_0 與 w_1；但
線性迴歸則必須透過不在一條直線上的資料點（Data Point）來求得模型參
數。後文將使用表 2.1.2 的數據來說明如何求得模型參數。

i	x	y
1	2	1
2	3	5
3	6	3
4	7	7

▲ 表 2.1.2　用於線性迴歸的數據

　　圖 2.1.2（a）、（b）為根據表 2.1.2 的數據所畫出的兩條直線，（a）為 y = 0.706x + 0.823，（b）為 y = － 0.125x + 4.5。這兩條直線，何者比較能顯示出數據之間的關聯性呢？只要運用均方誤差（Mean Square Error），便能將其量化。將目標變數與直線的差，也就是 $y_i -（w_0 + w_1 x_i）$ 加以平方，再算出其平均值，便是均方誤差。假設有 n 筆資料，則可以下列方程式表示。

$$\frac{\sum_{i=1}^{n}\{y_i -(w_0 + w_1 x_i)\}^2}{n}$$

　　圖 2.1.2 數據的均方誤差為：（a）為 2.89，（b）為 5.83；（a）的數值較小，表示（a）比（b）更能呈現出數據之間的關聯性。

　　由圖 2.1.2（a）、（b）中的直線可知，兩者之均方誤差為不同值。

　　上述兩者直線的差異，就是模型參數 w_0、w_1。換句話說，只要改變模型參數 w_0、w_1，計算出的均方誤差也會跟著改變。這種表示誤差與模型參數關係的函數，稱為損失函數。

　　線性迴歸能求得各種直線中損失函數值最小的參數（詳細計算方法請參考後述之「如何將均方誤差降至最低」）。這種「求得將損失函數最小化的參數」的概念，在其他監督式學習演算法中也是一樣的。

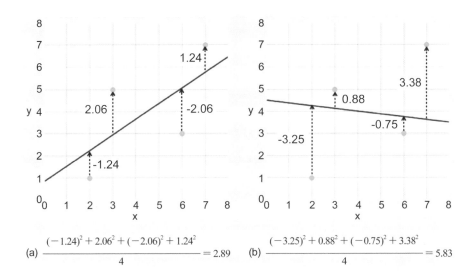

$$(a) \quad \frac{(-1.24)^2 + 2.06^2 + (-2.06)^2 + 1.24^2}{4} = 2.89$$

$$(b) \quad \frac{(-3.25)^2 + 0.88^2 + (-0.75)^2 + 3.38^2}{4} = 5.83$$

▲ 圖 2.1.2 　　均方誤差的比較

▶ 範例程式碼

利用上述表 1 中的數據，執行線性迴歸。以 LinearRegression 類別建立線性迴歸模型，利用 fit 成員函式進行學習之後，再透過 intercept_ 確認截距、透過 coef_ 確認斜率。

▼ 範例程式碼

```
from sklearn.linear_model import LinearRegression

X = [[10.0], [8.0], [13.0], [9.0], [11.0], [14.0],
     [6.0], [4.0], [12.0], [7.0], [5.0]]
y = [8.04, 6.95, 7.58, 8.81, 8.33, 9.96,
     7.24, 4.26, 10.84, 4.82, 5.68]
model = LinearRegression()
model.fit(X, y)
print(model.intercept_) # 截距
print(model.coef_) # 斜率
y_pred = model.predict([[0], [1]])
print(y_pred) # x=0, x=1 之預測結果
```

```
3.0000909090909094
```

```
[0.50009091]
```

```
[3.00009091 3.50018182]
```

 詳細內容

不適用線性迴歸的例子

在「概要」中，我們順利地透過線性迴歸呈現表 2.1.1 的數據，但有些數據資料不適用線性迴歸。

在表 2.1.1 與範例程式碼中使用的資料，取自統計學家法蘭克・安斯康姆（Frank Anscombe）所製作的資料集。安斯康姆的資料集（Anscombe's quartet）是由包括表 2.1.1 在內的 4 組資料所組成，能突顯資料視覺化的重要性。

圖 2.1.3 是針對安斯康姆資料集進行線性迴歸分析的結果。（I）到（IV）雖是不同的散佈圖，但線性迴歸的模型參數（截距與斜率）皆相同，四者的平均數、變異數與相關係數也幾乎相同。

讓我們逐一細看每一個數據。（II）有偏曲線的傾向，因此假設其為線性較不恰當。（III）出現離群值，必須透過預處理排除離群值，或採用其他較不受離群值影響的分析方法。（IV）則是即使兩組資料沒有相關性，有時卻因為出現離群值，而拉出一條迴歸直線的例子。上述這些原本並非

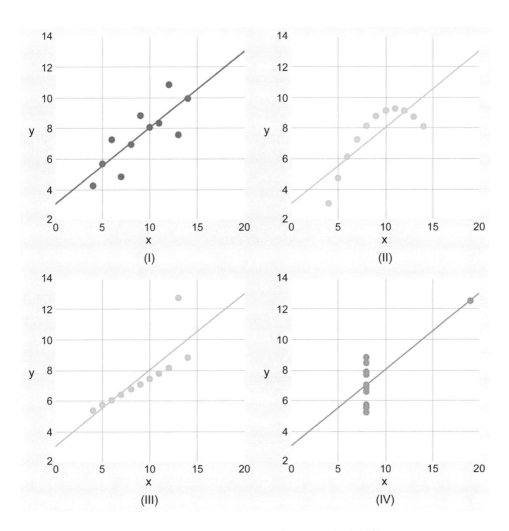

▲ 圖 2.1.3　以線性迴歸分析安斯康姆資料集

呈現線性分布的資料，如果硬是使用線性迴歸進行分析，也不會得到理想的結果。拿到資料以後，應該先進行資料視覺化，再思考是否採用線性迴歸為佳。

如何將均方誤差降至最低

在前述「演算法」一節中，提到可以利用均方誤差來評估不同的模型參數。

如表 2.1.3 所示，儘管可以藉由模型參數來比較誤差的大小，但仍無法得知求得具體模型參數的方法，因此本節將說明如何求得將均方誤差降至最低的模型參數。

線性迴歸	w_0	w_1	均方誤差
（a）	0.823	0.706	2.89
（b）	4.5	− 0.125	5.83

▲ 表 2.1.3　模型參數與均方誤差的關係

由表 2.1.3 可知，當模型參數改變，損失函數——也就是均方誤差——也會跟著變化。換言之，均方誤差可以用下列模型參數的函數來表示。

$$L(w_0, w_1) = \frac{\sum_{i=1}^{n}\{y_i - (w_0 + w_1 x_i)\}^2}{n}$$

若將表 2.1.2 的數據代入目標變數 y_i 與解釋變數 x_i，便可以只用 w_0, w_1 表示均方誤差。

$$L(w_0, w_1) = \frac{\sum_{i=1}^{4}\{y_i - (w_0 + w_1 x_i)\}^2}{4} = w_0^2 + 24.5w_1^2 + 9w_0w_1 - 8w_0 - 42w_0 + 21$$

在此方程式中，w_0、w_1 為二次函數，若繪製成圖形則如圖 2.1.4。由圖 2.1.4 可知，當 w_0、w_1 改變，便會出現各種不同的誤差值。此外，圖 2.1.4 中的星號分別對應表 2.1.3 的（a）、（b）。（a）的模型參數，與損失函數最小時的模型參數一致，故可知其為最適合顯示資料點的的模型參數。

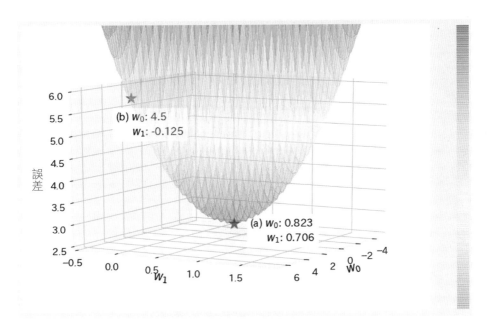

▲ 圖 2.1.4　均方誤差的最小化

各種線性迴歸與非線性迴歸

本節主要說明的是簡單線性迴歸；簡單線性迴歸是只有 1 個獨立解釋變數的線性迴歸，而獨立解釋變數有 2 個以上的線性迴歸，則稱為複迴歸（Multiple Regression，又稱多元迴歸）。

另外，雖然只有 1 個獨立的解釋變數，但卻如 x^2、x^3 一般，以解釋變數的 n 次方呈現的線性迴歸，稱為多項式迴歸（Polynomial Regression）。有關簡單迴歸、複迴歸及多項式迴歸的方程式與圖形範例，請分別參照表 2.1.4 以及圖 2.1.5。多項式迴歸之解釋變數 x_1 並非線性，因此不適合稱為「線性」迴歸。

不過，由於本書並非針對解釋變數，而是將模型參數（在本例中為 x_1^2 與 x_1 的係數）呈線性的迴歸稱為「線性迴歸」，因此多項式迴歸也包含在線性迴歸中。

線性迴歸的種類	方程式範例
簡單迴歸	$y = w_0 + w_1 x_1$
複迴歸	$y = w_0 + w_1 x_1 + w_2 x_2$
多項式迴歸	$y = w_0 + w_1 x_1 + w_2 x_1^2$

▲ 表 2.1.4　各種線性迴歸範例

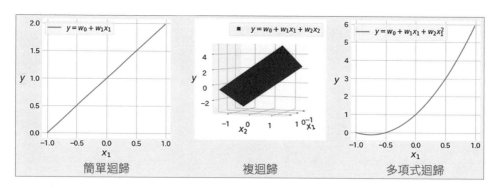

▲ 圖 2.1.5　各種線性迴歸範例

　　接著介紹一些非線性迴歸的例子。圖 2.1.6 是表示 $y = e^{w_1 x_1}$ 與 $y = 1/(w_1 x_1 + 1)$ 的圖形，由於其模型參數 w_1 與目標變數 y 的關係並非線性，因此歸類於非線性迴歸。

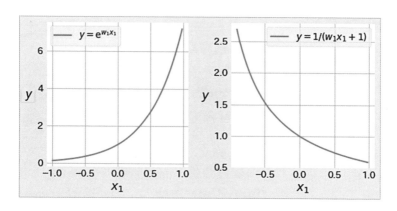

▲ 圖 2.1.6　非線性迴歸範例

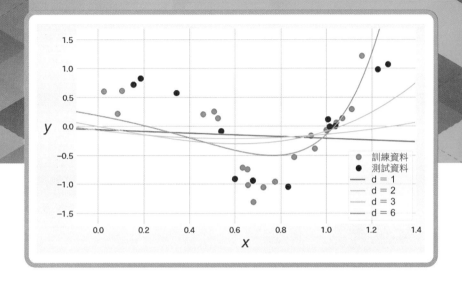

正則化

02

正則化（Regularization）是防止過度擬合的方法之一，常與線性迴歸等演算法併用。在損失函數加上懲罰項，便能制約模型，提升其一般化能力（Generalization Ability）。

▶ 概要

　　正則化是預防過度擬合的方法，在機器學習的模型進行學習時使用。過度擬合是指測試資料之誤差（測試誤差）遠大於訓練資料之誤差（訓練誤差）的現象。過度擬合的原因之一，就是機器學習的模型太過複雜；而正則化可以降低模型的複雜性，有助於提升模型的一般化能力。

　　學習正則化的演算法前，先看看完成正則化的模型如何防止過度擬合。此處使用的數據，是圖 2.2.1 中的訓練資料（灰點）與測試資料（黑點）。這是在 $y = \sin(2\pi x)$ 這個函數中加入遵循常態分布的亂數所得之結果。

零基礎入門的機器學習圖鑑

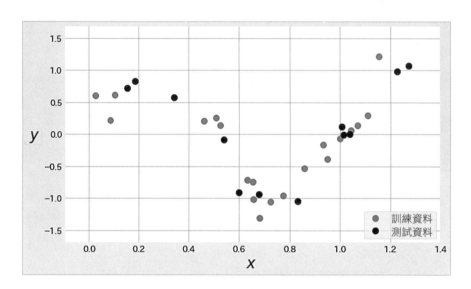

▲ 圖 2.2.1　在 $y = \sin(2\pi x)$ 加入亂數後產生的資料

　　現在，我們要試著用線性迴歸建立這份資料的模型。將線性迴歸由一次、二次……依序增加次方數，確認訓練誤差與測試誤差的變化情形。

　　圖 2.2.2 是將以各次方數 d 的訓練結果加以視覺化的圖形。在這裡，我們使用均方誤差，計算出可使誤差降至最低的模型參數 w_i。由圖可知，一次方程式的線性迴歸為 $y = w_0 + w_1x$，故呈直線；二次方程式的線性迴歸為 $y = w_0 + w_1x + w_2x^2$，故呈二次曲線。六次方程式為 $y = w_0 + w_1x + w_2x^2 + \cdots + w_6x^6$，因此呈現極為複雜的曲線。

　　表 2.2.1 列出了各次方數的訓練誤差與測試誤差，可知次方數愈大，訓練誤差就愈小。若只看訓練誤差，則六次方程式的誤差最小，為 0.024；然而測試誤差 3.472 卻遠大於訓練誤差。六次方程式的線性迴歸是一個複雜的模型，因此可以降低訓練誤差，但由於過度擬合的關係，導致它成為一個一般化能力較低的模型。

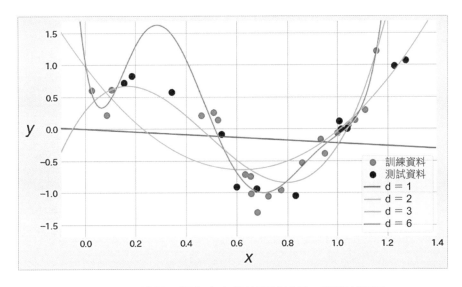

▲ 圖 2.2.2　線性迴歸各次方數的訓練結果。對資料而言
過於複雜的模型，便代表過度擬合

次方數	訓練誤差	測試誤差
1	0.412	0.618
2	0.176	0.193
3	0.081	0.492
......	......	......
6	0.024	3.472

▲ 表 2.2.1　次方數與訓練誤差、測試誤差的關係

　　接下來的圖 2.2.3 與表 2.2.2 分別呈現對線性迴歸進行正則化的結果。
正則化可透過對損失函數加上後述的懲罰項來防止過度擬合；由圖 2.2.3 可
知，模型的複雜度已在正則化之下受到抑制。在誤差方面，次方數增加時
的測試誤差也得到抑制，因此確實防止了過度擬合。

　　正則化包括許多種類，前述的迴歸模型稱為脊迴歸，是最具代表性的

方法。下面的「演算法」中，將說明脊迴歸如何防止過度擬合，同時提升一般化能力。

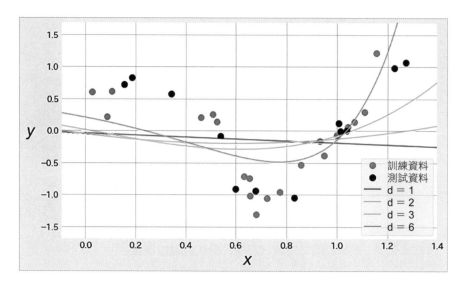

▲ 圖 2.2.3　正則化後線性迴歸各次方數的訓練結果。模型的複雜度受到抑制

次方數	訓練誤差	測試誤差
1	0.412	0.612
2	0.372	0.532
3	0.301	0.394
……	……	……
6	0.159	0.331

▲ 表 2.2.2　正則化後次方數與訓練誤差、測試誤差的關係

演算法

在前述「概要」中，我們已經掌握複雜的模型過度擬合的狀況，以及如何透過正則化防止過度擬合。複雜的模型之所以會出現過度擬合的狀況，原因之一是模型參數 w_i 採用了極大（或極小）的值。表 2.2.3 為線性迴歸各次方數的模型參數，次方數愈大，值的絕對值就愈大。

而表 2.2.4 則是採用正則化的模型參數。若進行正則化，高次方數的模型參數便能受到抑制。

次方數	w_0	w_1	w_2	w_3	w_4	w_5	w_6
1	-0.007	-0.217	-	-	-	-	-
2	0.978	-5.222	4.204	-	-	-	-
3	0.281	4.927	-17.639	12.157	-	-	-
......	......	......	......	......	......	......	......
6	1.080	-26.324	287.431	-1034.141	1611.144	-1147.946	308.643

▲ 表 2.2.3　各次方數的模型參數

次方數	w_0	w_1	w_2	w_3	w_4	w_5	w_6
1	-0.055	-0.149	-	-	-	-	-
2	-0.066	-0.493	0.421	-	-	-	-
3	-0.001	-0.716	-0.042	0.670	-	-	-
......	......	......	......	......	......	......	......
6	0.191	-0.751	-0.497	-0.182	0.109	0.370	0.607

▲ 表 2.2.4　正則化後各次方數的模型參數

為什麼透過正則化便能抑制模型參數呢？以下將以脊迴歸的損失函數

為例，進行說明。為求簡明扼要，範例中採用二次方程式的線性迴歸進行正則化。

$$R(\mathrm{w}) = \sum_{i=1}^{n} \{ y_i - (w_0 + w_1 x_i + w_2 x_i^2) \}^2 + \alpha(w_1^2 + w_2^2)$$

右邊的第1項 $\sum_{i=1}^{n} \{ y_i - (w_0 + w_1 x_i + w_2 x_i^2) \}^2$ 便是線性迴歸的損失函數。

第 2 項 $\alpha(w_1^2 + w_2^2)$ 則稱為懲罰項（或正則化項），是模型參數的平方和。此時，截距一般不會包含在懲罰項裡。

此外，$\alpha(\geq 0)$ 是控制正則化強度的參數，a 愈大，模型參數受到的抑制就愈大；α 愈小，訓練資料就會愈完整反映在模型參數上。

在此，我們來細看如何最小化脊迴歸的損失函數 $R(\mathrm{w})$。

若只看右邊的第 1 項 $\sum_{i=1}^{n} \{ y_i - (w_0 + w_1 x_i + w_2 x_i^2) \}^2$，問題便等於求出與訓練資料 y 之間誤差愈小愈好的 w_0、w_1、w_2，但由於右邊第 2 項，也就是懲罰項，是模型參數的平方和，因此若模型參數的絕對值變大，整體損失函數也會隨之變大。

如上所述，懲罰項給予的懲罰，就是「當模型參數的絕對值變大，損失也會變大」。正則化正是透過這個機制，來抑制模型參數。

▶ 範例程式碼

以下為使用脊迴歸來逼近 sin 函數時的範例程式碼。建立六次方程式時，利用的是 PolynomialFeatures。

▼範例程式碼

```
import numpy as np
from sklearn.preprocessing import PolynomialFeatures
```

```python
from sklearn.linear_model import Ridge
from sklearn.metrics import mean_squared_error

train_size = 20
test_size = 12
train_X = np.random.uniform(low=0, high=1.2, size=train_size)

test_X = np.random.uniform(low=0.1, high=1.3, size=test_size)
train_y = np.sin(train_X * 2 * np.pi) + np.random.normal(0, 0.2, train_size)
test_y = np.sin(test_X * 2 * np.pi) + np.random.normal(0, 0.2, test_size)

poly = PolynomialFeatures(6)  # 次方數為 6
train_poly_X = poly.fit_transform(train_X.reshape(train_size, 1))
test_poly_X = poly.fit_transform(test_X.reshape(test_size, 1))

model = Ridge(alpha=1.0)
model.fit(train_poly_X, train_y)
train_pred_y = model.predict(train_poly_X)
test_pred_y = model.predict(test_poly_X)

print(mean_squared_error(train_pred_y, train_y))
print(mean_squared_error(test_pred_y, test_y))
```

```
0.15917213330897523
```

```
0.3313327101623571
```

詳細內容

▶ 藉由 α 控制正則化的強度

接下來將詳細說明控制正則化強度的超參數 a。圖 2.2.4 是讓 α 產生變化時的模型。由圖可知,若 α 的值較大,則模型參數受到抑制,圖形較為單純;若 α 的值較小,由於針對模型參數絕對值變大的懲罰並不嚴格,故呈現出複雜的圖形。

此外,當 $\alpha = 0$ 時,由於懲罰項始終為 0,因此相當於未進行正則化的線性迴歸。一般會根據測試誤差來調整 α 的值,以找出最適切的 α。

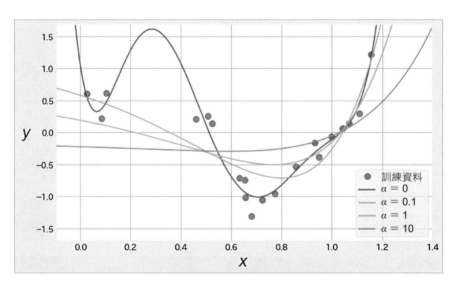

▲ 圖 2.2.4　讓 α 產生變化時的脊迴歸

脊迴歸與 Lasso 迴歸

本節介紹了屬於正則化方法之一的脊迴歸。在脊迴歸中，損失函數的懲罰項是模型參數的平方和；而若將懲罰項改成其他形式，便能進行不同性質的正則化。較具代表性的正則化方法，除了脊迴歸，還包括 Lasso 迴歸。Lasso 迴歸的損失函數如下。

$$R(\mathrm{w}) = \sum_{i=1}^{n} \{y_i - (w_0 + w_1 x_i + w_2 x_i^2)\} + \alpha(\,|w_1|\,+\,|w_2|\,)$$

Lasso 迴歸與脊迴歸不同的地方，在於 Lasso 迴歸的懲罰項是模型參數絕對值的和。圖 2.2.5 表示 Lasso 迴歸和脊迴歸在計算模型參數時的概念。

綠色的線條代表線性迴歸的損失函數，藍色的線條則代表與懲罰項相關的函數。脊迴歸的懲罰項是模型參數的平方和，因此呈現如圖 2.2.5 左圖的圓形，而 Lasso 迴歸的懲罰項是絕對值的和，因此呈現如圖 2.2.5 右圖的四角形。

原始函數（線性迴歸的損失函數）和這些函數（與懲罰項相關的函數）相接的點，就是經過正則化之損失函數的最佳解。由圖 2.2.5 可知，左圖中的脊迴歸因為加入了懲罰項，而使得模型參數受到抑制。而在圖 2.2.5 右圖的 Lasso 迴歸中，儘管模型參數與脊迴歸一樣受到抑制，但 w_2 的模型參數為 0。

Lasso 迴歸計算的是與四角形函數相接的點，因此模型參數擁有較易變成 0 的特質。在此特質之下，模型裡不會有參數為 0 的那些特徵，故可以利用 Lasso 迴歸來選擇特徵。如此不但能提升一般化能力，更有助於解釋模型。

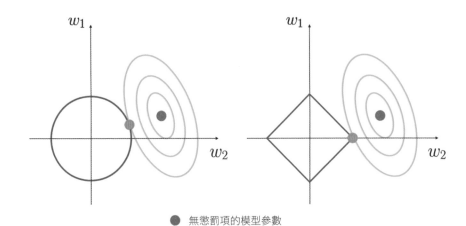

● 無懲罰項的模型參數

● 有懲罰項的模型參數

▲ 圖 2.2.5　模型參數計算示意圖。（左）脊迴歸與（右）Lasso 迴歸

參考文獻

C. M. Bishop (2012), *Pattern Recognition and Machine Learning*.

scikit-learn. 1.1. Generalized Linear Model, Retrieved February 21, 2019, from https://scikit-learn.org/stable/modules/linear_model.html

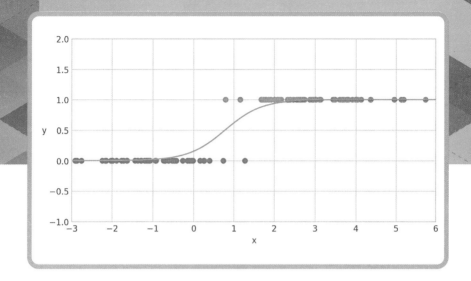

羅吉斯迴歸

03

羅吉斯迴歸是一種簡單的演算法，可用於監督式學習的分類。雖然演算法的名稱裡有「迴歸」兩字，但實際上適用於分類問題。羅吉斯迴歸是透過計算出資料屬於各類別的機率，來進行分類。

 概要

羅吉斯迴歸是學習「某種現象發生的機率」的演算法。

根據機率，便能判斷某種現象會發生／不會發生，進行二元分類。

羅吉斯迴歸雖為二元分類演算法，但也可以運用於 3 種以上的多元分類問題。

我們可以透過以下的範例來理解這個演算法。

> 　　你在回家路上發現下雪了。假如明天路上積雪，你就必須先從鞋櫃拿出雪靴來準備。現在的氣溫是 2℃，明天沒有積雪，可以穿一般鞋子出門的機率是多少？

　　接下來，我們將使用虛構的 100 天資料，利用羅吉斯迴歸來計算明天穿一般鞋子出門的機率。設橫軸 x 為氣溫，而在縱軸 y 中，路上積雪、需要穿雪靴的狀況為 0，不會積雪、可穿一般鞋子出門的狀況為 1，繪製散佈圖，便可得到如圖 2.3.1 的結果。

　　使用羅吉斯迴歸，便能計算出在不同氣溫下，雪完全融化、可穿一般鞋子出門的機率，如圖 2.3.2 的綠線所示。

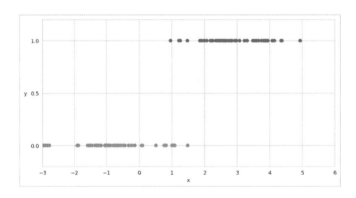

▲ 圖 2.3.1　　使用 **100** 天資料繪製的散佈圖

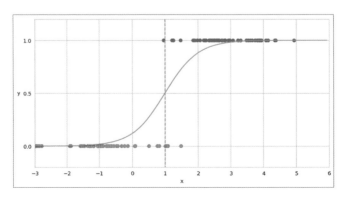

▲ 圖 2.3.2　　**羅吉斯迴歸**

具體而言，氣溫 0°C 時機率為 12％，1°C 為 50％，2°C 為 88％。根據機率判斷，應該可以穿一般鞋子出門。

演算法

如上所述，羅吉斯迴歸會根據資料 x 及其所屬類別 y 進行學習，計算出機率。資料 x 是由特徵構成的向量。若想進行二元分類，則類別標籤以二維數值表示，如 $y = 0, 1$。

羅吉斯迴歸的基本概念與線性迴歸一樣，將權重向量（Weight Vector）w 乘上資料 x，再加上偏差值（Bias）w_0，計算 $w^T x + w_0$ 的量。從資料中學習權重向量 w 與偏差值 w_0 這一點，也和線性迴歸相同。

而與線性迴歸不同的是：為了計算機率，而必須將輸出範圍限制在 0 ～ 1 之間。在羅吉斯迴歸中，會利用 Sigmoid 函數 $\sigma(z) = 1/(1 + \exp(-z))$，回傳介於 0 ～ 1 之間的數值。將 Sigmoid 函數繪製成圖，會呈現如圖 2.3.3 的形狀。

利用 Sigmoid 函數 $\sigma(z)$，假設當給定資料 x 時，標籤為 y 的機率為 p，則可透過 $p = \sigma(w^T x + w_0)$ 求得機率 p。若為二元分類，一般以預測機率 0.5 作為閾值（Threshold），進行分類。例如，當機率小於 0.5 時，y 的預測值為 0；當機率為 0.5 以上，y 的預測值則為 1，依此分類。根據問題設定的不同，有時也可能採用大於或小於 0.5 的值作為閾值。

學習時，會藉由邏輯損失函數將損失函數最小化。邏輯損失函數與其他損失函數相同，若分類失敗，便取大值；若分類成功，便取小值。不同於在線性迴歸的章節裡提到的均方誤差，邏輯損失函數無法以一般求解的方式求得最小值，因此必須利用梯度下降法（Gradient Descent）計算數值以求解。

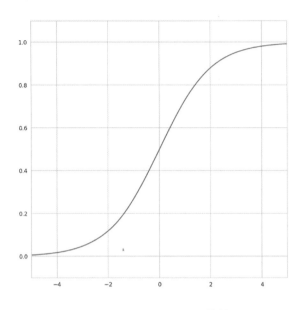

▲ 圖 2.3.3　**Sigmoid** 函數

　　在機器學習中，經常可見這種因為無法求得唯一解，而改由透過計算數值以求得近似解的方法。

▶ 範例程式碼

　　使用與「概要」相同的資料，分別計算出在 0°C、1°C、2°C 時積雪完全融化的機率。由於資料是以亂數產生，實際操作的結果可能略有不同。

▼ 範例程式碼

```
import numpy as np
from sklearn.linear_model import LogisticRegression


X_train = np.r_[np.random.normal(3, 1, size=50),
        np.random.normal(-1, 1, size=50)].reshape((100, -1))
```

```
y_train = np.r_[np.ones(50), np.zeros(50)]
model = LogisticRegression()
model.fit(X_train, y_train)
model.predict_proba([[0], [1], [2]])[:, 1]
```

```
array([0.12082515, 0.50296844, 0.88167486])
```

根據計算結果，在0°C、1°C、2°C時的機率，分別約為0.12、0.50、0.88。

詳細內容

決策邊界

在分類問題中，讓學習後的模型分類未知的資料時，會以某處為界，呈現不同的分類結果。分類結果改變的界線，就稱為決策邊界（Decision Boundaries）。以羅吉斯迴歸而言，決策邊界就是計算出的機率恰好為50%的地方。

讓我們以圖來觀察平面上的決策邊界。圖 2.3.4 是運用羅吉斯迴歸呈現出的訓練資料與決策邊界。

決策邊界的形狀，會隨著使用不同的演算法而迴異。在平面中，羅吉斯迴歸的決策邊界為直線。在其他的演算法中，例如 kNN（k-Nearest Neighbor Method，k－最近鄰居法）或類神經網路（Artificial Neural Network），決策邊界會呈現更複雜的形狀。詳細說明請見各演算法的章節。

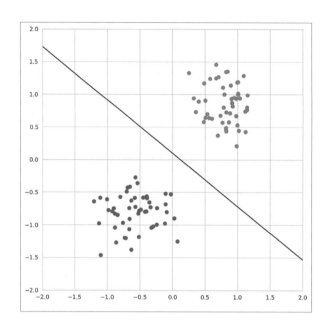

▲ 圖 2.3.4　決策邊界之圖示

▶ 特徵的解釋

　　在羅吉斯迴歸中，可以看見各特徵的係數。根據各特徵係數的正負號，便能得知其對機率產生的影響為正或負。下面將從在第 1 章出現過的鳶尾花資料集中，挑出 2 種鳶尾花（setosa 與 versicolor）資料使用，確認其影響。表 2.3.1 是以羅吉斯迴歸進行學習後，各特徵的權重。將 versicolor 設為 1，setosa 設為 0，以作為目標變數。

sepal length	sepal width	petal length	petal width
− 0.40731745	− 1.46092371	2.24004724	1.00841492

▲ 表 2.3.1　各特徵的權重

　　前述數值表示當特徵的值變化的時候，模型對「將資料標籤分類為 versicolor 的機率」所造成的影響大小。使用 sepal width 與 petal length 這 2 種特徵繪製散佈圖，確認訓練資料的分布，結果如圖 2.3.5 所示。

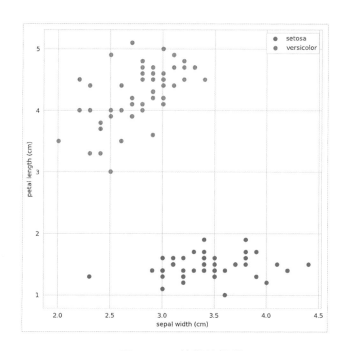

▲ 圖 2.3.5　特徵的解釋

　　縱軸 petal length 的權重為正值，因此可以期待當 petal length 愈大，屬於 versicolor 的機率也會愈高。實際由圖可知，在圖的上方，versicolor 的比例較高；在圖的下方，則是 setosa 的比例較高。

　　相對地，由於 sepal width 為負值，因此可以期待當 sepal width 愈小，屬於 versicolor 的機率就會愈大。同樣從圖中可知，versicolor 分布於左半邊，setosa 分布於右半邊。

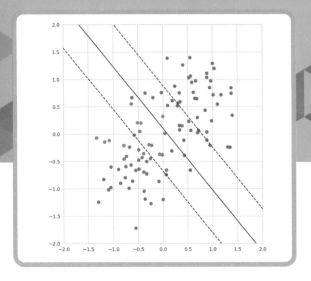

支持向量機

04

支持向量機（Support Vector Machine, SVM）是一種應用範圍極為廣泛，既可用於分類，也可用於迴歸的演算法。

接下來，我們將學習如何將線性支持向量機套用於二元分類問題，並且以間距（Margin）最大化為基準，找出更「理想」的決策邊界。

概要

本節將使用線性支持向量機（Linear Support Vector Machine）進行二元分類。線性支持向量機是一種以間距最大化作為基準，學習與資料相距最遠之決策邊界的演算法。這個演算法的決策邊界與羅吉斯迴歸一樣呈線性，但有時線性支持向量機可以得到更為「理想」的結果。

　　我們可以在同一份資料上套用線性支持向量機與羅吉斯迴歸，來比較其結果（圖 2.4.1）。

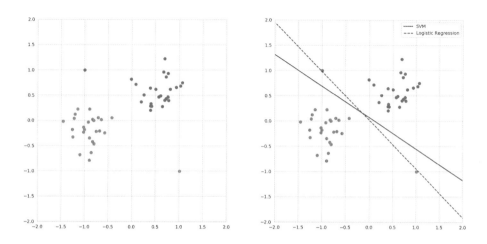

▲ 圖 2.4.1　線性支持向量機與羅吉斯迴歸的比較

　　左圖為原始資料，右圖為根據此資料學習後的結果。右圖的黑色直線為線性支持向量機的決策邊界，藍色虛線為羅吉斯迴歸（圖中以 Logistic Regression 表示）的決策邊界。

　　雖然線性支持向量機與羅吉斯迴歸都做出了正確的分類，但線性支持向量機的分類更為合適。

　　線性支持向量機會以間距最大化為目標，在學習過程中，盡可能讓決策邊界遠離資料。

　　接著，讓我們透過下面的「演算法」，看看線性支持向量機是如何進行學習的。

演算法

　　線性支持向量機透過間距最大化，找出對分類而言最理想決策邊界。首先說明間距的定義。為了簡化問題，在此以平面上的二元分類問題為例，同時預設這是可以完美分類的狀況。

　　線性支持向量機是透過線性的決策邊界將平面區分成 2 邊，進行二元分類。這時，資料中最接近決策邊界的點與決策邊界之間的距離，便稱為間距。

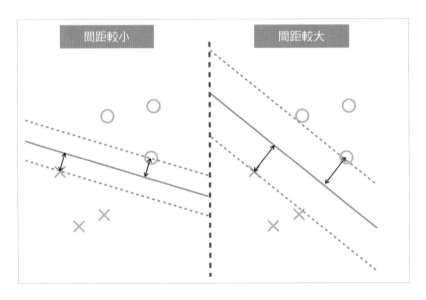

▲ 圖 2.4.2　　間距的差異

　　在圖 2.4.2 中，圖右的間距比圖左大。線性支持向量機可藉由擴大決策邊界與資料之間的距離，以獲得更理想的邊界。

▶ 範例程式碼

　　產生一份可線性分割的資料，並分為訓練資料與測試資料。用訓練資料讓線性支持向量機進行學習，再用測試資料評估正確率。此外，由於資料是以亂數產生，結果可能略有不同。

▼範例程式碼

```python
from sklearn.svm import LinearSVC
from sklearn.datasets import make_blobs
from sklearn.model_selection import train_test_split
from sklearn.metrics import accuracy_score


# 產生資料
centers = [(-1, -0.125), (0.5, 0.5)]
X, y = make_blobs(n_samples=50, n_features=2,
                  centers=centers, cluster_std=0.3)
X_train, X_test, y_train, y_test = train_test_split(X, y, test_size=0.3)

model = LinearSVC()
model.fit(X_train, y_train) # 學習
y_pred = model.predict(X_test)
accuracy_score(y_pred, y_test) # 評估
```

1.0

詳細內容

▶ 軟性間距與支持向量

前述範例使用的是可用直線區分的資料。不容許資料落在間距範圍內的狀況，稱為「硬性間距」（Hard-Margin）。然而在一般狀況下，許多資料不一定能用直線做出完美的分類，因此有時可容許一部分資料落在間距範圍內，這就稱為「軟性間距」（Soft-Margin）。若採用軟性間距，即使是無法線性分割的資料，也可以進行學習，如圖 2.4.3。

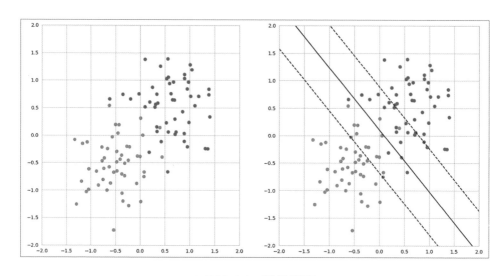

▲ 圖 2.4.3　軟性間距

根據線性支持向量機的學習結果，可將訓練資料分為下列 3 種類型。

1. 資料與決策邊界之間的距離大於間距：間距外的資料

2. 資料與決策邊界之間的距離等於間距：間距邊緣上的資料

3. 資料距離決策邊界較近，或分類錯誤：間距內的資料

其中，我們特別重視位在間距邊緣上與間距內的資料，將其稱之為支持向量（Support Vector）。支持向量是決定決策邊界的重要資料。至於間距外的資料，則對決策邊界的形狀毫無影響。

由於間距內的資料當中包含了分類錯誤的資料，乍看之下會認為這些資料不應該存在。

然而，假如對難以分割的資料也強制規定資料不得進入間距內，便可能出現過度擬合的狀況。

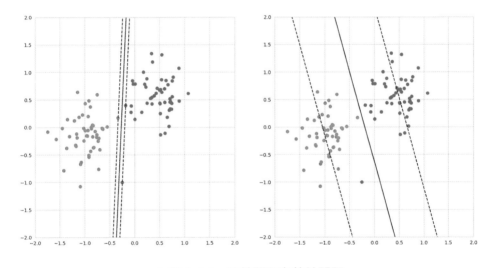

▲ 圖 2.4.4　硬性間距與軟性間距

圖 2.4.4 中，我們提供了由 2 個標籤組成的訓練資料，讓線性支持向量機進行學習。

圖 2.4.4 左圖是允許資料落在間距內的硬性間距，右圖是允許資料落在間距內的軟性間距。

此外，我們故意在以藍點表示的訓練資料中加入一些離群值。

　　比較兩種結果，可知在圖 2.4.4 中，使用硬性間距的左圖，決策邊界嚴重被離群值拉走；相對於此，採用軟性間距的圖 2.4.4 右圖，學習結果則較不易受離群值影響。

　　採用軟性間距時，要允許多少程度的資料落在間距內，會依超參數而定。與其他演算法相同，在決定超參數時，必須透過格點搜尋（Grid Search）或隨機搜尋（Random Search）等方法來嘗試錯誤。

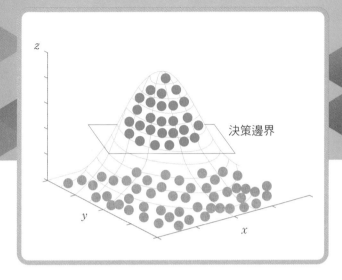

決策邊界

支持向量機（Kernel 法）

05

在深度學習問世之前，使用 Kernel 法（Kernel Method）的支持向量機非常受歡迎。

因為只要將 Kernel 法這種技巧運用在支持向量機，便可處理複雜的資料，無須透過人力決定特徵。當然，這個演算法現在依然可以運用在各種「分類·迴歸」問題上。

 概要

本節將說明如何透過 Kernel 法，讓支持向量機學習複雜的決策邊界。這裡以分類問題為例進行說明，而迴歸問題也同樣可以使用 Kernel 法。

線性支持向量機能夠藉由間距最大化，找出距離資料最遠的「理想」決策邊界。但由於決策邊界一定呈直線，因此不適合用於分類如圖 2.5.1 這

種各標籤的界線呈現曲線的資料。

　　若要替如圖 2.5.1 的資料做出區隔，就必須學習呈現曲線的決策邊界；而支持向量機只要使用 Kernel 法，便能學習複雜的決策邊界。例如，在範例資料使用 Kernel 法，就可以學習如圖 2.5.2 的圓形決策邊界。

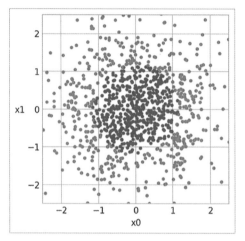
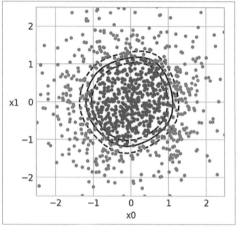

▲ 圖 2.5.1　以某一點為中心分布的資料　　▲ 圖 2.5.2　支持向量機（**Kernel** 法）

接下來的「演算法」會說明 Kernel 法的詳情。

演算法

　　在解釋 Kernel 法時，經常可見的說法是：「將資料移動至其他特徵空間（Feature Space）後，再進行線性迴歸」，在此稍加說明。

　　首先思考如何以線性分割一份「無法以線性分割的資料」。為此，我們必須假設有一個維度比訓練資料更高的空間存在，訓練資料的每一個點，

都各自對應到此高維度空間的某個點。

在高維度空間中，對應到訓練資料的點是可以線性分割的，而實際的訓練資料則是來自此高維度空間的映射。只要能創造出這樣的空間，便能在此高維度空間裡使用支持向量機來學習決策邊界。最後再將高維度的決策邊界映射回由原始特徵構成的向量空間，便能求得決策邊界。

圖 2.5.3 呈現的，就是將原本無法線性分割的資料移至高維度空間，再進行線性分割的概念。

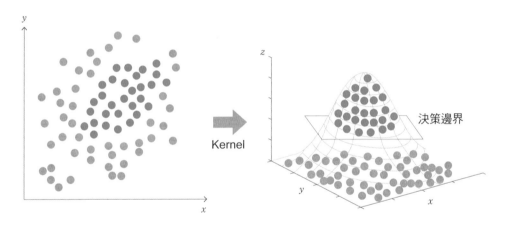

▲ 圖 2.5.3　將無法以線性分割的資料加以線性分割之示意圖

具體打造可線性分割的高維度空間有其難度，但在 Kernel 法中，只要利用 Kernel 函數，便能使用在高維度空間學習完成的決策邊界，而不必具體構築一個可線性分割的高維度空間。

下面的「詳細內容」中，將介紹幾種具代表性的 Kernel 函數。

▶ 範例程式碼

透過以下的範例程式碼，可知使用 Kernel 法的支持向量機，是如何在呈圓形分布的資料中學習決策邊界的。首先產生一份呈圓形分布的資料，並區分為訓練資料和測試資料；使用訓練資料讓模型學習，再用測試資料評估正確率。

程式碼中之所以並未明確指定欲使用的 Kernel 函數，是因為這裡使用的是預設的 RBF（Radial Basis Function，徑向基底函數）Kernel。

▼ 範例程式碼

```python
from sklearn.svm import SVC
from sklearn.datasets import make_gaussian_quantiles
from sklearn.model_selection import train_test_split
from sklearn.metrics import accuracy_score

# 產生資料
X, y = make_gaussian_quantiles(n_features=2, n_classes=2, n_samples=300)
X_train, X_test, y_train, y_test = train_test_split(X, y, test_size=0.3)

model = SVC()
model.fit(X_train, y_train)
y_pred = model.predict(X_test)
accuracy_score(y_pred, y_test)
```

```
0.97777777777777775
```

詳細內容

不同 Kernel 函數造成的學習結果差異

在 Kernel 法中使用的 Kernel 函數有許多種類，且使用不同的 Kernel 函數時，最後得到的決策邊界形狀也會有所差異。以下是在支持向量機中使用四種最具代表性的 Kernel 函數：線性 Kernel（a）、Sigmoid Kernel（b）、多項式 Kernel（c）、RBF Kernel（d），針對同一份資料進行學習後的結果（圖 2.5.4）。

圖 2.5.4（a）的線性 Kernel 與線性支持向量機等價。（b）則使用 Sigmoid Kernel 作為 Kernel 函數。由圖可知，更換 Kernel 函數後，便能學習呈曲線的決策邊界。在（c）多項式 Kernel（二次）中，演算法學習了圓形的決策邊界。（d）RBF Kernel 則學習了更複雜的決策邊界。

注意事項

一旦使用 Kernel 法，便無法明確掌握支持向量機使用的特徵為何。圖 2.5.5 是使用 RBF Kernel 作為 Kernel 函數，將 RBF Kernel 的超參數 γ 設為 3.0 時的狀況。將 γ 值提高，便能從資料中學習更複雜的決策邊界。

圖 2.5.5 儘管學習了複雜的決策邊界，卻無法掌握目前鎖定的特徵為何，因此 Kernel 法較適合要求精準的狀況，而非用於解釋特徵。此外，並非所有資料都能學習出像範例一樣清楚易懂的決策邊界，這一點也請格外留意。

根據以上特徵，使用支持向量機時，應避免一開始就使用 Kernel 函數，而是先使用線性 Kernel 進行分析，掌握資料的概況後，再使用 Kernel 函數進行學習。

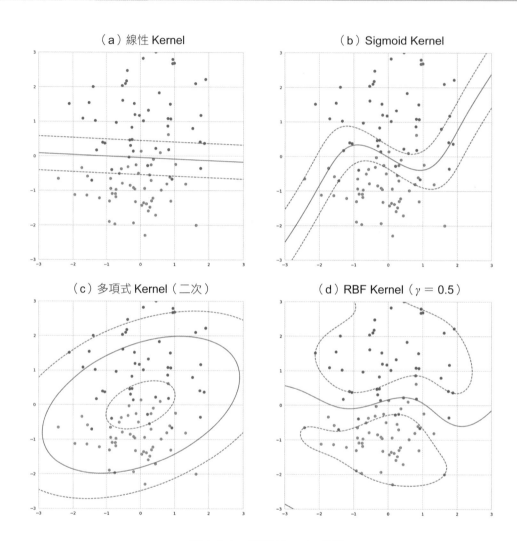

▲ 圖 2.5.4　各種 Kernel 函數

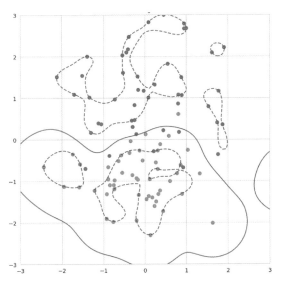

▲ 圖 2.5.5　使用 RBF Kernel 時的決策邊界

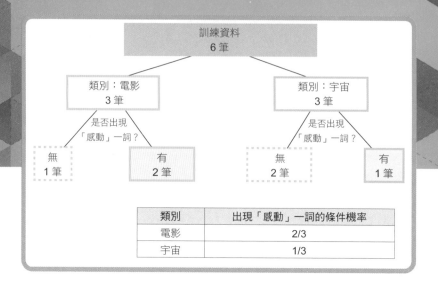

類別	出現「感動」一詞的條件機率
電影	2/3
宇宙	1/3

單純貝氏分類器

06

單純貝氏分類器（Naive Bayes Classifier）是一款常用於自然語言分類問題的演算法，因為運用於過濾垃圾郵件而聞名。

 概要

　　單純貝氏分類器是根據機率進行預測的演算法之一，可應用於分類問題。此方法能計算出各筆資料屬於某種標籤的機率，再將其歸類至機率最高的標籤。單純貝氏分類器主要用於分類文章、判別垃圾郵件等自然語言的分類。

　　接下來，就讓我們利用單純貝氏分類器，將虛構的新聞報導標題區分為「電影」和「宇宙」2 種類別。

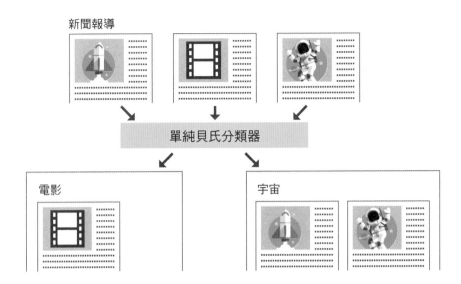

▲ 圖 2.6.1　區分類別

範例中使用的資料如表 2.6.1、表 2.6.2 所示。

訓練資料	類別
經典感動電影名作重新上映	電影
強檔動作電影盛大上映	電影
經典名作回歸，為全球帶來感動	電影
沙塵暴覆蓋火星	宇宙
火星探測終於重啟	宇宙
用 VR 觀看火星沙塵暴，滿滿感動	宇宙

▲ 表 2.6.1　訓練資料

測試資料	類別
動作名作重映，帶來感動	？？

▲ 表 2.6.2　測試資料

表 2.6.2 的測試資料是屬於「電影」類的標題，在此我們假設不知其類別為何。

接著讓我們想想看，該如何透過訓練資料，分別計算出未知資料屬於「電影」和「宇宙」的機率？

訓練資料中，屬於「電影」類的資料有 3 筆，屬於「宇宙」類的資料也有 3 筆。用最簡單的想法思考，未知資料屬於「電影」類的機率為 3/6 = 50％，而屬於「宇宙」類的機率同樣是 50％。這種計算方式雖然簡單，但缺點是無論未知資料的文章內容為何，分類至各類別的機率都是固定的。

而單純貝氏分類器則是根據文章裡出現的詞彙，來推測未知資料的類別。請注意測試資料中的「感動」一詞，這個詞彙在兩種分類中都曾出現，但出現的機率各有不同。

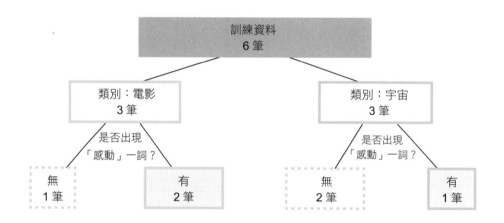

類別	出現「感動」一詞的條件機率
電影	2/3
宇宙	1/3

▲ 圖 2.6.2　詞彙出現的機率

　　屬於「電影」類的資料中，出現「感動」一詞的機率為 2/3 = 67％，而「宇宙」類的資料則是 1/3 = 33％，可知此詞彙較常出現在「電影」類的資料中。

　　此外，出現「感動」一詞的資料，屬於「電影」類的機率是 2/3 = 67％，屬於「宇宙」類的機率則只有 1/3 = 33％。鎖定測試資料中的「感動」一詞來計算機率，則該資料屬於「電影」類的機率較高。這裡所求的「在某種條件（在本範例中的條件是「出現『感動』一詞」）下的機率」，稱為條件機率（Conditional Probability）。

　　在單純貝氏分類器中，除了使用詞彙出現在文章裡的比例，也使用了每個詞彙的條件機率，充分運用文章裡的詞彙資訊來提升機率的精準度。

▶ 演算法

　　本書雖以自然語言處理的分類為例，不過單純貝氏分類器也必須將輸入資料轉換為以特徵構成的向量。範例中，我們先透過預處理把文章轉換為以特徵構成的向量，接著使用單純貝氏分類器進行學習，最後確認結果。

▷ 預處理

　　預處理時，先將文章轉換為 BoW（Bag of Words，詞袋）形式，再依序將以特徵構成的向量與標籤加以組合。

　　首先挑出作為訓練資料的文章裡的名詞。將挑出的名詞視為一個集合，不用在乎順序 *。從訓練資料中挑出的名詞如表 2.6.3 所示。

---

* 將文章轉換為詞彙集合時，必須透過構詞分析（Morphological Analysis）等方法進行處理，在此假設已處理完畢。

訓練資料	類別
{"感動","電影","名作"}	電影
{"強檔","動作","電影"}	電影
{"名作","全球","感動"}	電影
{"沙塵暴","火星"}	宇宙
{"火星","探測","重啟"}	宇宙
{"VR"、"火星","感動"}	宇宙

▲ 表 2.6.3　呈現詞彙集合的訓練資料

接著，將訓練資料和類別轉換為較易處理的形式。若訓練資料中含有某詞彙，則將對應的特徵設為 1；若無，則為 0。同時，將類別中的「電影」類轉換為 1，「宇宙」類轉換為 0，此即為標籤。結果如表 2.6.4 所示。

訓練資料	名作	電影	強檔	動作	全球	感動	沙塵暴	火星	探測	重啟	VR	類別
經典感動電影名作重新上映	1	1	0	0	0	1	0	0	0	0	0	1
強檔動作電影盛大上映	0	1	1	1	0	0	0	0	0	0	0	1
經典名作回歸，為全球帶來感動	1	0	0	0	1	1	0	0	0	0	0	1
沙塵暴覆蓋火星	0	0	0	0	0	0	1	1	0	0	0	0
火星探測終於重啟	0	0	0	0	0	0	0	1	1	1	0	0
用 VR 觀看火星沙塵暴，滿滿感動	0	0	0	0	0	1	1	1	0	0	1	0

▲ 表 2.6.4　將特徵以向量呈現的訓練資料

到這裡，我們已順利將原本以自然語言撰寫的文章，轉換成用「表示詞彙出現的特徵」與「標籤」構成的組合。以前述方式呈現的文章，稱為

詞袋。接著,請以同樣的方式處理測試資料。測試資料中含有訓練資料中所沒有的「重映」,但此類詞彙較難處理,因此在範例中姑且無視其存在,無須處理。結果如表 2.6.5 所示。

測試資料	名作	電影	強檔	動作	全球	感動	沙塵暴	火星	探測	重啟	VR	類別
動作名作重映,帶來感動	1	0	0	1	0	1	0	0	0	0	0	??

▲ 表 2.6.5　將特徵以向量呈現的測試資料

透過前述預處理,範例的問題便可轉換為「當輸入之測試資料為 [1, 0, 0, 1, 0, 1, 0, 0, 0, 0, 0] 時,預測其所屬類別」的問題。

▶ 機率的計算

單純貝氏分類器可透過訓練資料,學習特定詞彙出現在各標籤中的機率。分類時,會先求出各標籤的機率,再將機率最高的標籤視為分類結果。單純貝氏分類器在學習時會求出下列 2 種機率。

1. 各標籤出現的機率

2. 各詞彙在各標籤中出現的條件機率

在學習過程中進行的處理,可統整為圖 2.6.3。此外,特徵的行只顯示部分作為代表。

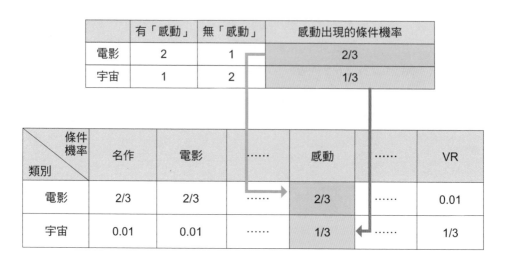

	有「感動」	無「感動」	感動出現的條件機率
電影	2	1	2/3
宇宙	1	2	1/3

條件機率 類別	名作	電影	……	感動	……	VR
電影	2/3	2/3	……	2/3	……	0.01
宇宙	0.01	0.01	……	1/3	……	1/3

▲ 圖 2.6.3　在學習過程中進行的處理

　　在上圖中，可以看見本來機率應該為 0 的地方，皆顯示為極小的機率 0.01，這是一種叫做「平滑化」（Smoothing）的處理。

　　以本次範例的訓練資料而言，機率為 0 的項目，確實是沒有出現該詞彙的項目，然而若使用更大的資料集作為訓練資料，該詞彙其實是有可能出現的。平滑化就是考慮到這種可能性，因此在沒有出現該詞彙的項目上，也填入一個極小的機率。

　　單純貝氏分類器在分類時，會將各標籤的值乘以前述求得的 2 個機率，再加以比較，以完成分類。

　　例如在分類範例的測試資料 [1, 0, 0, 1, 0, 1, 0, 0, 0, 0, 0]（動作名作重映，帶來感動）時，比較的就是經過下列處理後的結果。

1. 求出「電影」類文章出現的機率

2. 求出「名作」、「動作」、「感動」等詞彙在「電影」類文章中出現的機率

3. 求出文章裡沒有出現的詞彙，在各「電影」類文章裡也沒有出現的機率

4. 求出所有機率的乘積

　　圖 2.6.4 為前述步驟的示意圖。在各標籤中比較圖 2.6.4 的結果，以機率最大的標籤作為分類結果輸出。

詞彙出現的 條件機率 類別	名作	電影	……	感動	……	VR
電影	2/3	2/3	……	2/3	……	0.01
測試資料	1	0	……	1	……	0

機率的乘積 $\dfrac{3}{6} \times \dfrac{2}{3} \times \left(1 - \dfrac{2}{3}\right) \times \cdots \times \dfrac{2}{3} \times \cdots \times (1 - 0.01)$

「電影」類文章
出現的機率

各詞彙的條件機率乘積

▲ 圖 2.6.4　**步驟示意圖**

　　在圖 2.6.4 中，假設每個作為特徵的詞彙都能求得機率，在不考慮詞彙順序與組合的前提下計算機率。單純貝氏分類器正是因為單純地將每個詞彙都假設為各自獨立，因此讓學習變得單純。

▶ 範例程式碼

讓我們一起寫出程式碼來確認結果。

▼ 範例程式碼

```python
from sklearn.naive_bayes import MultinomialNB

# 產生資料
X_train = [[1, 1, 0, 0, 0, 0, 0, 0, 0, 0, 0, 0],
           [0, 1, 1, 1, 0, 0, 0, 0, 0, 0, 0, 0],
           [1, 0, 0, 0, 1, 1, 0, 0, 0, 0, 0, 0],
           [0, 0, 0, 0, 0, 0, 1, 1, 0, 0, 0, 0],
           [0, 0, 0, 0, 0, 0, 1, 1, 1, 0, 0, 0],
           [0, 0, 0, 0, 0, 1, 0, 1, 1, 0, 1]]
y_train = [1, 1, 1, 0, 0, 0]


model = MultinomialNB()
model.fit(X_train, y_train) # 學習
model.predict([[0, 1, 0, 1, 0, 1, 0, 0, 0, 0, 0]]) # 評估
```

```
array([1])
```

這裡求出的 array([1])，意味著資料的類別應屬於「電影」，代表此次的判定正確。

 詳細內容

▶ 注意事項

單純貝氏分類器在分類自然語言時，分類結果有一定的精確率，但不適合用於預測天氣預報的降雨機率等機率本身的數值。在前面的「演算法」中也曾提到，這是因為單純貝氏分類器假設「將每個詞彙視為獨立存在，且皆可計算出機率」，將計算機率的方法過度簡化的關係。

例如，在這個假設下，文章裡各詞彙之間的依存關係將會遭到無視。假如機率的數值很重要，就應該避免將單純貝氏分類器求得的數值當作真正的機率。

此外，單純貝氏分類器中，「將每個特徵視為獨立存在，且皆可計算出機率」的假設，在某些狀況下可能無法成立；換言之，若詞彙的意義會隨著文章脈絡而變化，就不適用單純貝氏分類器。

例如，「踢」這個詞經常出現在搏擊運動等領域，但「踢球」的「踢」則應該是指足球領域。因此，當詞彙的意義隨著上下文而改變，便無法滿足單純貝氏分類器的「每個特徵皆為獨立存在」這個假設。若想考慮文章脈絡，就必須採取應變措施，如依照上下文使用不同模型等等。

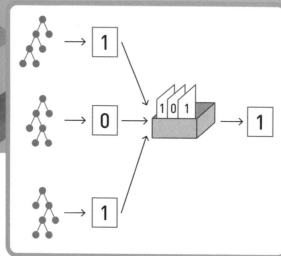

07 隨機森林

隨機森林（Random Forest）是一種結合多種模型以建立更高效能模型的方法，無論迴歸或分類問題皆適用。相同類型的演算法還包括梯度提升（Gradient Boosting，又稱梯度增強）等，在機器學習競賽中也非常熱門。

學會隨機森林，便能獲得與其他演算法共通的基礎知識。

 概要

隨機森林是一種藉由使用多棵決策樹（Decision Tree）模型，讓預測結果比單一決策樹更精確的方法。儘管單一決策樹的效能未必足夠，但只要同時運用多棵決策樹，便能建立一般化能力更高的模型。

隨機森林可用於處理分類問題與迴歸問題，而本書以分類問題為例進

行說明。圖 2.7.1 呈現的是隨機森林的分類方法概念,亦即收集各決策樹的輸出,再採多數決,決定最後的分類結果。

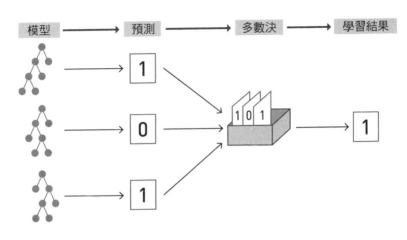

▲ 圖 2.7.1　隨機森林示意圖

　　隨機森林的多數決,就像是徵詢許多人的意見後,加以綜合,再做出判斷,而非只和一個人討論之後就下決定。機器學習也是一樣,先建立多個模型,再透過多數決得到更妥善的結果。

　　需要注意的是,若以同樣的學習方法建立決策樹,輸出的結果將全部相同,如此一來便喪失了採多數決的意義。隨機森林的關鍵,就在於決策樹的多樣性。決策樹的演算法以及隨機森林如何讓決策樹擁有多樣性,將在下面的「演算法」詳細說明。

演算法

　　隨機森林會將決策樹的結果結合起來,加以應用。接下來將先介紹決策樹的概要,再說明結合決策樹的方法。

▶ 決策樹

　　決策樹是一種用條件式分支（Conditional Branch）分割訓練資料，以解決分類問題的方法。進行分割時，我們通常會將資料的雜亂度（或不均度）轉化為數值，此數值稱為不純度（Impurity）。

　　決策樹會依序進行分割，使代表資料雜亂狀態的不純度逐漸降低。分割後的資料裡若有許多相同的標籤，就表示不純度較低；相反地，假如分割後的資料中充滿不同的標籤，則表示不純度較高。

　　可以用來表示不純度的具體指標有很多，本節使用的是基尼不純度指數（Gini Index）。

　　基尼不純度指數可透過以下公式計算。

$$（基尼不純度指數）= 1 - \sum_{i=1}^{c} p_i^2$$

　　c 為標籤的數量，p_i 為某個標籤的數量的資料除以資料數的值。

　　圖 2.7.2 是針對每種分割方式加權平均後算出的基尼不純度指數。左圖為分割前的狀態，此時基尼不純度指數為 0.5。中間圖是分割後的基尼不純度指數平均值。將各分割的基尼不純度指數乘上各分割所含資料數量的比例，算出加權平均值。右圖為基尼不純度指數平均值最小的分割方法。

　　決策樹的學習，就是反覆進行如圖 2.7.3 的空間分割。具體步驟如下。

1. 計算某個空間中所有的特徵與分割方法的不純度

2. 以分割後不純度最低的方法來分割空間

3. 在分割後的空間重複步驟 1、2

圖 2.7.3 為此學習過程的示意圖。

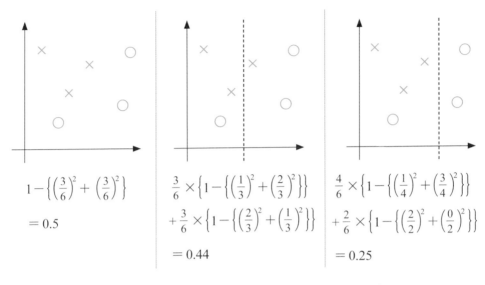

$$1-\left\{\left(\frac{3}{6}\right)^2+\left(\frac{3}{6}\right)^2\right\}$$
$$=0.5$$

$$\frac{3}{6}\times\left\{1-\left\{\left(\frac{1}{3}\right)^2+\left(\frac{2}{3}\right)^2\right\}\right\}$$
$$+\frac{3}{6}\times\left\{1-\left\{\left(\frac{2}{3}\right)^2+\left(\frac{1}{3}\right)^2\right\}\right\}$$
$$=0.44$$

$$\frac{4}{6}\times\left\{1-\left\{\left(\frac{1}{4}\right)^2+\left(\frac{3}{4}\right)^2\right\}\right\}$$
$$+\frac{2}{6}\times\left\{1-\left\{\left(\frac{2}{2}\right)^2+\left(\frac{0}{2}\right)^2\right\}\right\}$$
$$=0.25$$

▲ 圖 2.7.2　隨分割位置不同而產生差異的不純度

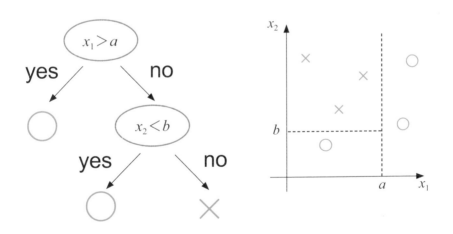

▲ 圖 2.7.3　決策樹學習過程示意圖

零基礎入門的機器學習圖鑑

▶ 隨機森林

　　隨機森林是如何利用多棵決策樹來提高精準度的呢？假設目前有 3 棵獨立的決策樹，預測出正確答案的機率各為 0.6。若採用多數決的方法來預測結果，便能提升正確率。

　　實際求出機率，可知在下列兩種情況下，推測結果會是錯誤的：一種是「所有決策樹的推測都錯誤（機率為 $(1 - 0.6)^3 = 0.064$）」，另一種則是「3 棵決策樹中，有 2 棵決策樹的推測錯誤（機率為 $3 \times (1 - 0.6)^2 \times 0.6 = 0.288$）」，因此預測出正確答案的機率為 $1 - 0.064 - 0.288 = 0.648$，可見機率的確提高了。

　　那麼，該如何讓各自獨立的決策樹學習同一份資料呢？這其實並不簡單。在機器學習中，只要是同一份資料，原則上學習的結果也都會一樣。即使準備了 100 棵決策樹，假如讓它們以同樣的方式學習，多數決的結果也會和其他學習結果一樣。

　　而隨機森林會對提供給每一棵決策樹的訓練資料做出以下的處理，盡可能讓分類結果不同。首先，利用拔靴法（Bootstrap Method，又稱自助抽樣法）產生多份內容相異的訓練資料。拔靴法是一種針對同一份訓練資料反覆進行隨機取樣，以「假裝增加」訓練資料量的方法。透過此方法，便能給予每一棵決策樹不同的訓練資料。

　　其次，讓決策樹學習以拔靴法產生的訓練資料時，只會隨機挑選部分特徵。藉由「拔靴法」和「隨機挑選特徵」這兩道處理手續，便能建立具有多樣性的決策樹。

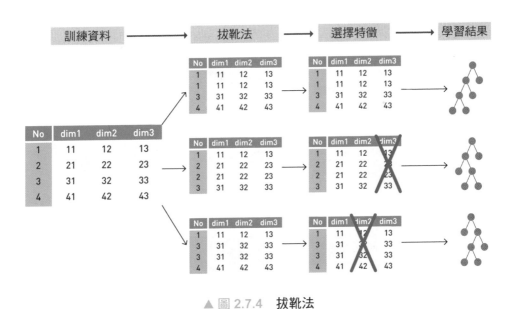

▲ 圖 2.7.4　拔靴法

　　隨機森林會使用如前述方式產生的各種資料，建立許多決策樹，根據預測結果進行多數決，再回傳最後的分類結果。

▶ 範例程式碼

　　運用隨機森林，根據 3 種葡萄酒的各種測量值，替葡萄酒進行分類。

▼ 範例程式碼

```
from sklearn.datasets import load_wine
from sklearn.ensemble import RandomForestClassifier
from sklearn.model_selection import train_test_split
from sklearn.metrics import accuracy_score

# 讀取資料
```

```
data = load_wine()
X_train, X_test, y_train, y_test = train_test_split(
    data.data, data.target, test_size=0.3)


model = RandomForestClassifier()
model.fit(X_train, y_train) # 學習
y_pred = model.predict(X_test)
accuracy_score(y_pred, y_test) # 評估
```

```
0.94444444444444442
```

 詳細內容

特徵重要性

透過隨機森林，我們可以了解每個特徵對預測結果來說是否重要。接下來，讓我們先了解重要性的計算方式，再確認葡萄酒分類範例中各特徵的重要性。

首先介紹利用隨機森林計算重要性的步驟。各位應該還記得，每一棵決策樹在進行學習時，都會以某個值作為分界來分割特徵，藉以盡量降低不純度。計算出隨機森林中每棵決策樹以各個特徵分割後的不純度，加以平均，便可求得特徵的重要性。

若以重要性較高的特徵作為分割軸，便能大幅降低不純度。相反地，重要性較低的特徵，即使當作分割軸，也無法減低不純度，故可判斷為無

用的特徵。只要掌握特徵重要性，便能排除不需要的特徵。

　　現在讓我們確認葡萄酒分類範例中的特徵重要性。圖 2.7.5 是使用隨機森林，以圖表呈現特徵重要性的結果。圖中重要性最高的特徵 color_intensity 表示色彩的鮮豔度。在分類葡萄酒時最為重要的這個特徵，與一般以直覺判斷的結果也相符。

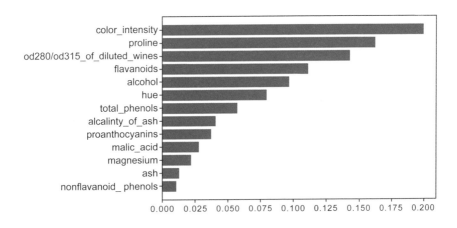

▲ 圖 2.7.5　重要性的視覺化結果

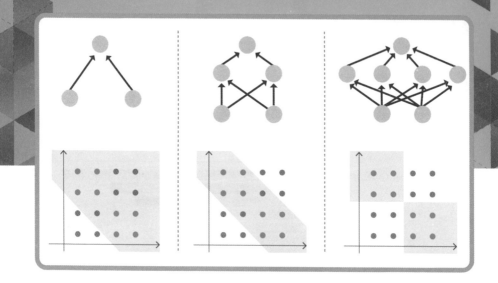

類神經網路

08

以歷史而言，一般認為類神經網路的起源是模仿生物神經網路。
類神經網路同時適用於分類與迴歸問題，但在應用上較常用於分類問題。

如眾所周知，使用類神經網路的深度學習，在圖像和語音辨識等領域已有卓越的成果。

 概要

　　類神經網路在輸入資料的輸入層（Input Layer）與輸出結果的輸出層（Output Layer）之間，還夾著一層所謂的隱藏層（Hidden Layer），因此能學習複雜的決策邊界。類神經網路可使用於迴歸與分類問題，不過在分類問題上的應用較為知名。本節將以分類問題為例進行說明。

類神經網路最典型的構圖，如圖 2.8.1 所示。

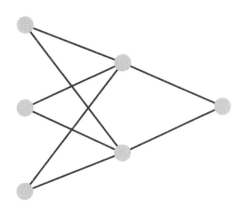

▲ 圖 2.8.1　**類神經網路的典型圖示**

圖 2.8.1 代表的意義為：輸入資料為三維資料，隱藏層為二維，輸出層為一維資料（輸入層至隱藏層，以及隱藏層至輸出層之間的計算過程，將在後面的「演算法」中詳述）。

最左邊的一層稱為輸入層，表示輸入的資料。最右邊的一層稱為輸出層，表示輸入資料分類結果的機率。若是二元分類，輸出的機率只有 1 個；若是多元分類，則會同時輸出分類對象屬於每個標籤的機率。類神經網路在輸入層與輸出層中間還有一層隱藏層，故能學習更為複雜的決策邊界。

接下來，我們要將類神經網路實際套用在具體任務上，並確認其結果。使用的資料是名為 MNIST 的手寫數字辨識資料集，任務是進行分類。MINST 包含 0 ～ 9 這 10 種手寫數字的圖像，每一張都是 8 × 8 畫素的灰階圖像，如圖 2.8.2。

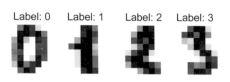

▲ 圖 2.8.2　手寫數字資料集 MNIST

　　本次建立的類神經網路如下。圖 2.8.3 中省略了連接每個節點（node）之間的邊（edge）。

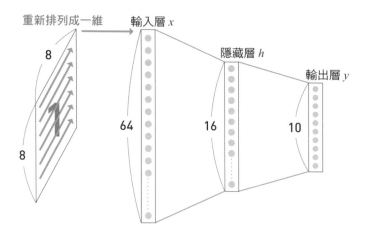

▲ 圖 2.8.3　MNIST 的類神經網路示意圖

　　輸入層代表輸入的圖像（64 維向量）。將各點的畫素值放進長 64 的一維陣列，便能將其視為一個 64 維的資料來處理。類神經網路要學習的，就是這份 64 維的資料。

　　隱藏層可根據輸入層，透過 Sigmoid 函數等非線性函數計算出來。隱藏層的維度是超參數，若提高數值，便能學習更複雜的邊界，但同時也會更容易過度擬合。本範例中設定為 16 維。隱藏層的計算方式以及隱藏層維度與學習結果的關係，將在後面的「演算法」中詳述。

同樣地，輸出層也可以根據隱藏層，以非線性函數計算出來。範例的任務是將 0～9 這 10 個數字分類，因此輸出層會輸出 10 種機率，表示輸入的手寫數字圖像分別屬於 0～9 何者。

讓我們實際利用類神經網路進行學習並分類。

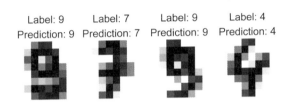

▲ 圖 2.8.4　類神經網路的分類結果

圖中的 Label 是正確答案，Prediction 是類神經網路分類的結果，下方的圖像則是輸入的資料。類神經網路正確地辨識了這些手寫數字。

▶ 演算法

類神經網路是因為具有隱藏層，才能學習複雜的決策邊界。接下來將說明只以輸入層和輸出層構成的單一感知器（Simple Perceptron），緊接著再看看類神經網路如何透過添加隱藏層來學習更複雜的決策邊界。

▶ 單一感知器

單一感知器是一種將非線性函數套用於加權後的特徵，以進行辨識的模型。舉例而言，假設特徵的維度是 2，輸入的特徵為 (x_1, x_2)，單一感知器便可利用非線性函數 f 算出機率 y，算式如下頁。

$$y = f(w_0 + w_1 x_1 + w_2 x_2)$$

特徵的係數 w_1、w_2 是權重，常數項 w_0 則稱為偏差值；權重和偏差值都是模型參數。非線性函數 f 稱為活化函數（Activation Function），可以透過加權後的特徵總和計算出機率 y。活化函數一般會使用 Sigmoid 函數等函數。

圖 2.8.5 左側為單一感知器的示意圖，說明將活化函數套用至加權後的輸入與偏差值的和，計算結果並輸出的過程。圖 2.8.5 右側，則是省略了加總的部分和活化函數，只畫出輸入與輸出部分的簡略示意圖。在簡略示意圖中，節點的變數名稱通常也會被省略。

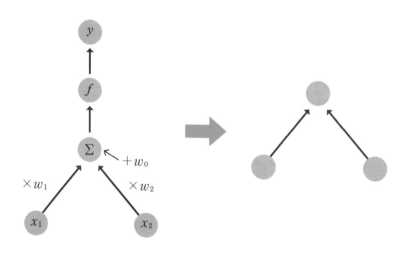

▲ 圖 2.8.5　**權重與活化函數的關係**

單一感知器的性質與羅吉斯迴歸十分相似。事實上，若使用 Sigmoid 函數作為活化函數 f，單一感知器便與羅吉斯迴歸等價。

類神經網路

　　類神經網路是一種透過堆積單一感知器，以呈現複雜決策邊界的模型。在某些資料中，單一感知器無法順利學習決策邊界。正如同羅吉斯迴歸無法建立非線性的決策邊界，單一感知器也無法正確地替如圖 2.8.6 這種無法用線性分割的資料分類。

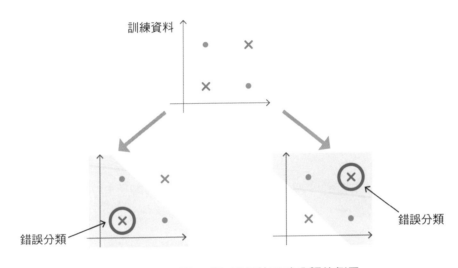

▲ 圖 2.8.6　**單一感知器無法正確分類的例子**

　　而類神經網路則可透過以下方式解決此問題。首先建立可將右上方的點與其他點隔開的層，以及將左下方的點與其他點隔開的層。這種夾在輸入層與輸出層中間的層，稱為隱藏層。接著，將 2 種輸出結果重疊，建立最後下決定的層。如此一來，便能以「是否落在 2 條直線之間」為依據，進行分類。

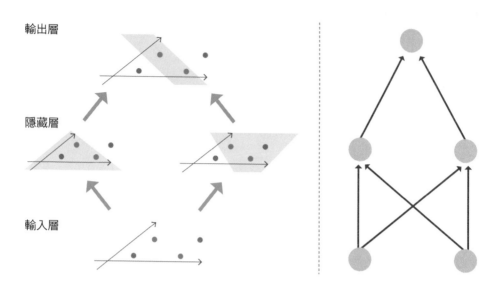

輸出層

隱藏層

輸入層

▲ 圖 2.8.7　類神經網路的結構

　　左圖為各層學習的狀況，右圖為示意圖。由右圖可知，二維輸入在中間經過 2 次輸出之後，才得到最後輸出。

　　此外，節點表示特徵與輸出等變數，邊則表示用於計算下一個變數的輸入。

　　如上所述，類神經網路藉由在中間設置隱藏層，使單一演算法得以學習各種決策邊界。只要調整隱藏層的數量和深度，便可學習更加複雜的邊界。其主要概念如圖 2.8.8 所示。

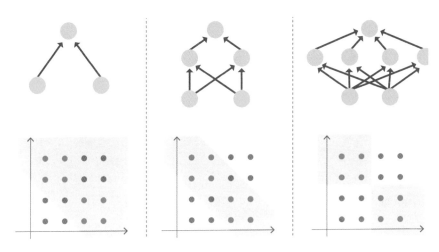

▲ 圖 2.8.8　類神經網路示意圖

▒ 範例程式碼

　　讀取「概要」中的 MNIST 資料集，切分為訓練資料與測試資料，讓模型使用訓練資料進行學習，再透過測試資料評估正確率。雖然每次執行的結果都略有不同，但應該都在 95％左右。

▼ 範例程式碼

```
from sklearn.datasets import load_digits
from sklearn.neural_network import MLPClassifier
from sklearn.model_selection import train_test_split
from sklearn.metrics import accuracy_score

# 讀取資料
data = load_digits()

X = data.images.reshape(len(data.images), -1)
```

```
y = data.target

X_train, X_test, y_train, y_test = train_test_split(X, y, test_
size=0.3)


model = MLPClassifier(hidden_layer_sizes=(16, ))
model.fit(X_train, y_train) # 學習
y_pred = model.predict(X_test)
accuracy_score(y_pred, y_test) # 評估
```

```
0.95185185185185184
```

詳細內容

　　類神經網路可藉由增加隱藏層或隱藏層中節點的數量來呈現複雜的資料，然而模型一旦變得複雜，就容易產生過度擬合的現象。接下來將介紹一種防止過度擬合的方法：提前停止學習（Early Stopping）。

提前停止學習

　　提前停止學習可在過度擬合發生前中斷學習，以避免過度擬合。與正則化相比，似乎有些特殊。

　　提前停止學習會從訓練資料再分出一部分，作為學習時的評估資料。在學習過程中使用評估資料，逐一記錄損失等評估指標，以利掌握學習的進度。當評估資料在學習中的損失愈來愈大，出現過度擬合的跡象時，就

會中斷並結束學習。如此一來,便能在過度擬合發生之前暫停學習。

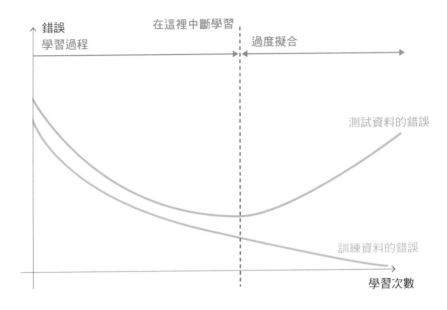

▲ 圖 2.8.9　提前停止學習

　　除此之外,還有各種可幫助類神經網路有效進行學習的技巧,但本書暫不詳述,請各位讀者參考 scikit-learn 的資料或相關書籍。

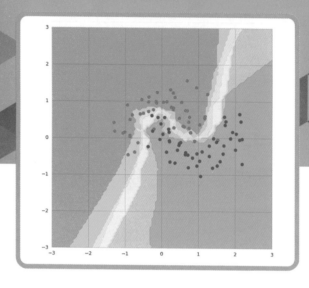

kNN

09

kNN 是一種只會單純記住訓練資料的特殊演算法。
它雖是一種眾所皆知的單純演算法,卻也能學習複雜的邊界。

 概要

kNN 演算法可用於分類與迴歸,而本節將以二元分類為例進行解說。

kNN 在學習時會將所有訓練資料全數記下。相較於其他演算法擁有「根據訓練資料算出最適切的參數」的學習部分,以及「使用算出的參數進行預測」的預測部分,kNN 演算法的特別之處在於它並沒有所謂的學習部分,在預測之前不會進行具體的計算。

在分類未知資料時,kNN 會算出未知資料與訓練資料之間的距離,找

出最接近的 k 個點，再以多數決方式決定分類。

　　kNN 雖是一種單純的演算法，卻也適用於邊界複雜的資料。圖 2.9.1 就是在邊界複雜的資料中套用 kNN 的結果。

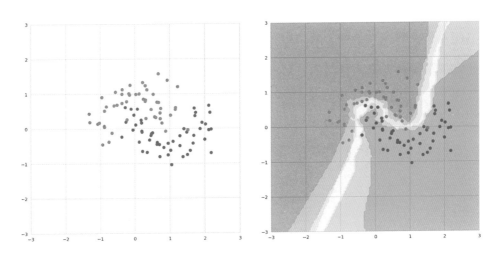

▲ 圖 2.9.1　　用 kNN 進行學習的例子

　　圖 2.9.1 顯示的是一份標有橘色和藍色 2 種標籤的訓練資料。右圖所呈現的散佈圖中，所有點已分類為 2 個標籤的結果。

　　鄰近點（Neighboring Points）的數量 k 設定為 5。在散佈圖中，每個座標的顏色都表示最近的 k 個鄰居所屬的標籤比例。紅色最深的部分，代表距離該處最近的 k 個鄰居的標籤全是橘色；隨著 2 種標籤的比例愈接近 1 比 1，顏色就會變得愈淡。藍色也是一樣。

　　透過前述結果，可知 kNN 已順利學習複雜的資料。

演算法

kNN是一種單純的演算法,在學習時只會將所有資料記下而不做計算。使用訓練資料來分類未知輸入資料的步驟如下。

1. 計算輸入資料與訓練資料之間的距離

2. 以最接近輸入資料的位置為起點,取得 k 個訓練資料

3. 根據訓練資料的標籤數量,以多數決方式決定分類結果

進行多數決的概念如圖 2.9.2 所示。圖中將鄰近點的數量 k 設定為 3。

k = 3

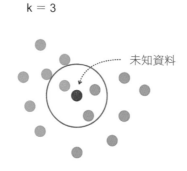

未知資料

取得最接近未知資料的 3 個鄰近點

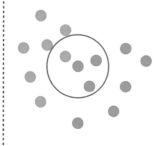

● × 2,● × 1
採多數決,故預測結果為●

▲ 圖 2.9.2　**以多數決分類**

鄰近點的數量 k 為超參數。在二元分類問題中,一般會將 k 設為奇數,以多數決方式決定結果。

▶ 範例程式碼

我們可以透過範例程式碼來確認前述內容。以下將使用分布呈曲線狀的範例資料來學習，並解決分類問題。鄰近點的數量 k 設定為預設值 5。

▼範例程式碼

```python
from sklearn.neighbors import KNeighborsClassifier
from sklearn.datasets import make_moons
from sklearn.model_selection import train_test_split
from sklearn.metrics import accuracy_score

# 產生資料
X, y = make_moons(noise=0.3)
X_train, X_test, y_train, y_test = train_test_split(X, y, test_size=0.3)

model = KNeighborsClassifier()
model.fit(X_train, y_train) # 學習
y_pred = model.predict(X_test)
accuracy_score(y_pred, y_test) # 評估
```

```
0.93333333333333335
```

詳細內容

決策邊界隨 k 值而異

kNN 的 k 值為超參數。若改變 k 值，辨識狀況將呈現如下的變化。

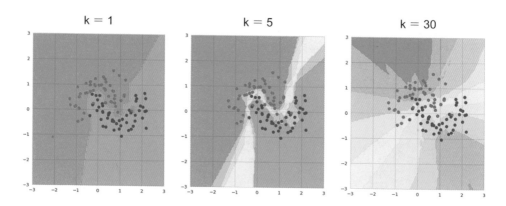

▲ 圖 2.9.3　隨 k 值而異的學習結果

圖 2.9.3 左圖為 k = 1、中間圖為 k = 5、右圖為 k = 30 時所呈現的圖像。

k = 1 時，可以看見有一塊邊界宛如離島般獨立存在，顯示資料已過度擬合。中間圖裡的決策邊界較為平滑，而且沒有 k = 1 時的「離島」，故可判斷 k = 5 優於 k = 1。至於 k = 30 時，可以看見背景呈橘色的部分摻雜了許多藍色的點，顯示邊界設定得太寬鬆，導致產生了誤判。

如上所述，隨著 k 值不同，學習後的決策邊界形狀也會改變，因此就像其他演算法一樣，必須透過多次調整，找出最適當的 k 值。

▶ 注意事項

kNN 在資料較少或維度較小的狀況下，可以順利發揮其功能，但若資料量或維度過大，則必須考慮改用其他方法。

kNN 一旦必須處理大量的訓練資料，分類速度就會變得緩慢。這是由於 kNN 為了分類未知資料，必須針對大量的訓練資料進行最近相鄰者搜尋（Nearest Neighbor Search），找出距離最近的資料。這同時意味著 kNN 必須儲存大量訓練資料，因此也需要龐大的記憶體。

為了更有效率地進行最近相鄰者搜尋，最常見的方式就是運用樹狀結構來記憶訓練資料，不過一般而言，kNN 並不適合用於處理較龐大的訓練資料。

另外，kNN 也無法順利學習高維度的資料。kNN 必須在符合「訓練資料愈多，就愈容易在未知資料的附近找到訓練資料」的前提下，才能發揮其功能。這個假設稱為漸近假設，而在高維度的資料中，這個假設未必能成立；例如處理維度較高的語音或圖像資料時，就必須思考其他方法。

前面雖然提到利用樹狀結構可以改善最近相鄰者搜尋的速度，但資料量過於龐大時，仍建議採用其他演算法為佳。

第 3 章

非監督式學習

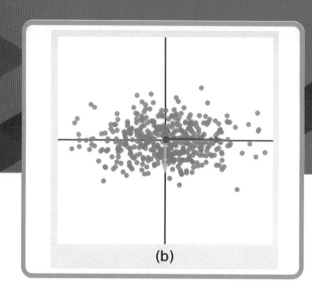

(b)

10

PCA

在為數眾多的降維方法中，PCA 堪稱歷史悠久，且可廣泛運用在各領域的演算法。

利用 PCA，便能以主成分簡潔地呈現具有相關性的多變量資料。

概要

PCA 可減少資料的變數，適用於變數之間有關聯性的資料，是一種具有代表性的降維方法。降維的意思是「在保有原特徵的前提下，以少量變數來呈現擁有許多變數的資料」，有助於降低多變量資料分析的複雜度。例如，在分析有 100 個變數的資料時，假如能用 5 個變數來呈現，必定會比直接進行分析來得輕鬆許多。

減少變數的方法以下列兩種最為普遍。一種是「只挑出重要的變數，

其他變數皆不使用」，另一種則是「根據原資料建立新的變數」；PCA 是採用後者來減少資料的變數。

換言之，藉由 PCA，我們可以將原本以高維度呈現的資料，改以低維度的變數來進行說明。低維度的軸稱為**主成分**，由原變數經過線性組合而構成。

求主成分所需的具體演算法，將在下面的「演算法」中詳細說明，現在先藉由圖來掌握其概要。

在 PCA 中，首先必須找出分析對象的**方向與重要性**。將 PCA 套用在圖 3.1.1（a）的散佈圖中，便能畫出 2 條正交的線。這時，線的方向就代表資料的**方向**，長度就代表重要性。

在組成新的變數時，**方向**是根據對資料中原有的變數賦予多少權重而定。而**重要性**則與變數是否有所差異有關，若是變數中每個資料點的值都很接近，表示此變數不太重要；假如變數中每個資料點的值各有不同，就表示該變數清楚呈現出資料的整體資訊。

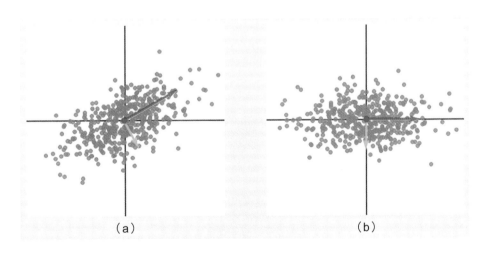

(a)　　　　　　　　　　　　　　(b)

▲ 圖 3.1.1　（**a**）以彼此相關的 **2** 個變數組成的資料　（**b**）以主成分呈現的資料

以前述線條作為新的軸，將原本的資料加以轉換，便可得到圖 3.1.1（b）；轉換後的資料稱為主成分分數（Principal Component Score）。另外，若將主成分軸的值依重要性高低排列，則依序可稱為第一主成分、第二主成分。根據轉換後的圖，可知分布在第一主成分方向的資料較多，分布在第二主成分方向的資料較少。以 PCA 計算出的第一主成分，就是資料分布最多的軸，換句話說，也就是一個保有最多原始資料的新軸。

 演算法

求得主成分的步驟如下：

1. 計算共變異數矩陣（Variance-Covariance Matrix）

2. 解出共變異數矩陣的特徵值問題（Eigenvalue Problem），求得特徵向量（Eigenvector）與特徵值（Eigenvalue）

3. 沿著各主成分的方向呈現資料

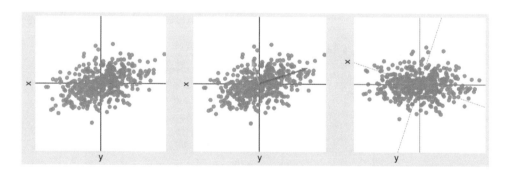

▲ 圖 3.1.2　**PCA** 的演算法

所謂解特徵值問題，就是在 n 階方塊矩陣 A 中，求出可滿足 $A\mathrm{x} = \lambda \mathrm{x}$

的 λ、x。解共變異數矩陣的特徵值問題，與「求得擁有最多資料分布的正交軸」，在數學上是等價的。

$A\mathrm{x} = \lambda \mathrm{x}$ 中，等號左邊是矩陣和向量的乘積，也就是向量 x_1, x_2 乘以矩陣 A，具體例如下：

$$x_1 = \begin{pmatrix} 1 \\ 1 \end{pmatrix}, \; x_2 = \begin{pmatrix} 2 \\ -1 \end{pmatrix}$$

$$A = \begin{pmatrix} 3 & 1 \\ 2 & 2 \end{pmatrix}$$

$$Ax_1 = \begin{pmatrix} 3 & 1 \\ 2 & 2 \end{pmatrix} \begin{pmatrix} 1 \\ 1 \end{pmatrix} = \begin{pmatrix} 4 \\ 4 \end{pmatrix}$$

$$Ax_2 = \begin{pmatrix} 3 & 1 \\ 2 & 2 \end{pmatrix} \begin{pmatrix} 2 \\ -1 \end{pmatrix} = \begin{pmatrix} 5 \\ 2 \end{pmatrix}$$

乘上矩陣後，x_1, x_2 便分別轉換為（4, 4），（5, 2），如圖 3.1.3 所示。如前所述，矩陣具有轉換向量大小與方向的功能，但有些向量並不會因為轉換而改變方向。這種方向不變的向量，稱為 A 的特徵向量，而轉換此向量大小的倍數，則稱為特徵值。

由圖 3.1.3 可知，以紅線呈現之轉換後的向量（4, 4），與原向量位於同一條直線上，顯示「乘上矩陣 A」這個線性轉換，就等於「乘上常數 4」。

在 PCA 中，矩陣 A 是一個共變異數矩陣。解出共變異數矩陣的特徵值問題，便可計算出多組特徵值與特徵向量。在此狀況下，依照特徵值的大小排列的特徵向量，與第一主成分、第二主成分……相互對應。

在前面「概要」裡提到的方向和重要性，與特徵值問題中的特徵向量和特徵值具有密切關係。

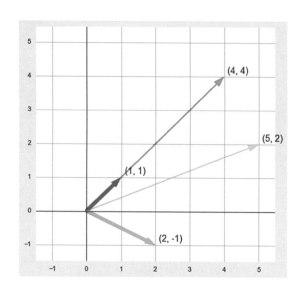

▲ 圖 3.1.3　因矩陣而轉換的向量

此外，若用透過各主成分計算出的特徵值除以特徵值的總和，便能以比例來呈現主成分的重要性。此時計算出的比例，稱為**貢獻率**，表示各主成分能解釋多少資料。從第一主成分開始將貢獻率相加的總和，則稱為累積貢獻率。

▌▶ 範例程式碼

以下是使用 scikit-learn 套件中鳶尾花資料集的 PCA 程式碼。將 4 個解釋變數轉換為 2 個主成分。

▼範例程式碼

```
from sklearn.decomposition import PCA
from sklearn.datasets import load_iris


data = load_iris()

n_components = 2  # 將降維後的維度設定為 2
model = PCA(n_components=n_components)
model = model.fit(data.data)

print(model.transform(data.data))  # 轉換後的資料
```

```
[[-2.68420713    0.32660731]
 [-2.71539062   -0.16955685]
 [-2.88981954   -0.13734561]
……略……
 [1.76404594    0.07851919]
 [1.90162908    0.11587675]
 [1.38966613   -0.28288671]]
```

 詳細內容

如何選擇主成分

透過 PCA，可用主成分作為新的軸，來呈現原始資料的變數。這些主成分會依照貢獻率的大小排列，依序稱為第一主成分、第二主成分⋯⋯。

只要計算出累積貢獻率，便能得知使用到第幾個主成分，可以掌握原始資料中幾成的資訊。

圖 3.1.4 中，橫軸為主成分，縱軸為累積貢獻率。A 是針對變數之間具有相關性的資料進行 PCA 後的結果。此時的累積貢獻率為 0.36、0.55、0.67、0.74、0.80……。若以累積貢獻率為基準來選擇主成分，可按照基準值來決定主成分的數量，例如：「累積貢獻率在 0.7 以上」→「選擇 4 個主成分」、「累積貢獻率在 0.8 以上」→「選擇 5 個主成分」。

另一方面，B 則是針對變數之間不具相關性的資料進行 PCA 後的結果，由圖可知每個主成分的貢獻率幾乎相同。這種資料並不適合用 PCA 來降維，必須採取其他方法。

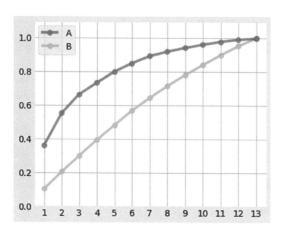

▲ 圖 3.1.4　各資料集的累積貢獻率

參考文獻

Smith, L.I., A tutorial on principal components analysis. Univ. of Otago (2002)

Nikkei Research Inc. 主成分分析 , Retrieved February 6, 2019, from https://www.nikkei-r.co.jp/glossary/id=1632

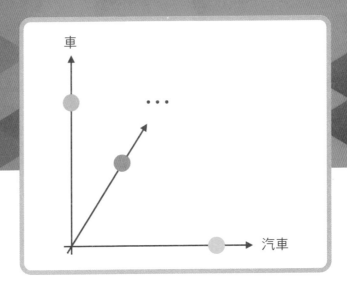

LSA

11

LSA（Latent Semantic Analysis，潛在語義分析）可處理自然語言，是廣泛運用在資料搜尋領域的降維方式。
透過 LSA，我們可以從龐大的文字資料中找出各詞彙所擁有的潛在關聯性。

 概要

LSA 是 Scott Deerwester 在 1988 年提出的方法，多年來廣泛應用於資料搜尋領域。在當時，若想在一批文件裡搜尋資料，必須事先利用文件裡所含的詞彙來編製索引（index），當索引與用於搜尋的關鍵字一致，搜尋結果便會列出該文件。

然而這種方法有個問題：被標記在搜尋對象裡的索引，若沒有完全符合搜尋時使用的關鍵字，就無法順利檢索出所需的資料。例如，若文件的

索引是「車」，那麼用「汽車」這個關鍵字搜尋時，這篇文章便不會顯示在搜尋結果中（同義詞問題）。

人類可以理解「車」和「汽車」這兩個詞彙幾乎百分之百同義，但實際上我們不可能逐一教電腦「這個詞彙和那個詞彙的意思相近」。

而透過 LSA，便能讓電腦根據龐大的文字資料自動計算出詞彙與詞彙之間的相似度，以及詞彙與文件的相似度。

LSA 可以替文件與詞彙的矩陣降維，轉換為**潛在語義空間**（圖 3.2.1）。此轉換需要用到矩陣分解，也就是以多個矩陣的乘積來表示某個矩陣。矩陣分解與非監督式學習中的降維之關聯，將在後面的「演算法」詳述。

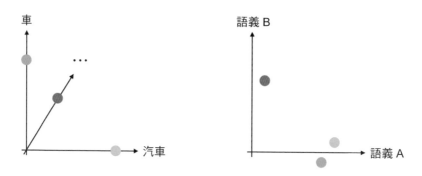

▲ 圖 3.2.1 潛在語義空間示意圖。在詞彙空間裡，「車」和「汽車」被視為正交，但在語義空間裡，則可顯示為相似詞彙

演算法

以下將透過具體的例子，說明矩陣分解及降維的概念。

首先，將下列句子轉換為矩陣 X。矩陣 X 的各個元素，代表文件裡出

現的詞彙數量。

- 駕駛汽車去公司

- 開車過去

- 在餐廳吃漢堡排

- 吃餐廳的義大利麵

	文件 1	文件 2	文件 3	文件 4
汽車	1	0	0	0
公司	1	0	0	0
去	1	1	0	0
車	0	1	0	0
餐廳	0	0	1	1
漢堡排	0	0	1	0
吃	0	0	1	1
義大利麵	0	0	0	1

▲ 表 3.2.1　文件裡出現的詞彙數

讓我們先看看矩陣 X 經過矩陣分解後的結果。以 8 列 4 行的 U、4 列 4 行的 D，以及 4 列 4 行的 V^T 的乘積，來表示 8 列 4 行的 X。

$$X = UDV^\mathrm{T}$$
$$= \begin{bmatrix} 0.00 & -0.45 & -0.45 & 0.00 \\ 0.00 & -0.45 & -0.45 & 0.00 \\ \vdots & \vdots & \vdots & \vdots \\ -0.32 & 0.00 & 0.00 & -0.71 \end{bmatrix} \times \begin{bmatrix} 2.24 & 0 & 0 & 0 \\ 0 & 1.90 & 0 & 0 \\ 0 & 0 & 1.18 & 0 \\ 0 & 0 & 0 & 1.00 \end{bmatrix} \times \begin{bmatrix} 0.00 & 0.00 & -0.71 & -0.71 \\ -0.85 & -0.53 & 0.00 & 0.00 \\ -0.53 & -0.85 & 0.00 & 0.00 \\ 0.00 & 0.00 & 0.71 & -0.71 \end{bmatrix}$$

前述矩陣各自代表不同的意義，U 是代表「詞彙及簡化後之特徵轉換

資訊」的矩陣，D 是代表「資訊重要性」的矩陣，V^T 則是代表「簡化後之特徵及文件轉換資訊」的矩陣。

另外，D 是除了（1，1）、（2，2）等元素之外，其他元素全都是 0 的對角矩陣，對角線上的元素依照重要性大小順序排列。利用 3 個矩陣降維時，以 D 最為重要。原始資料有 4 個特徵，以下來討論我們想降維成 2 個特徵的情況。

從 D 的 4 個值當中挑選 2 個重要性較高的，製作一個 2 列 2 行的對角矩陣。配合 D，將 U 中對應的第 3 行與第 4 行，以及 V^T 中對應的第 3 列與第 4 列刪除，將其分別轉換為 8 列 2 行與 2 列 4 行的矩陣。

$$\hat{X} = \hat{U}\hat{D}\hat{V}^T$$

$$= \begin{bmatrix} 0.00 & -0.45 \\ 0.00 & -0.45 \\ \vdots & \vdots \\ -0.32 & 0.00 \end{bmatrix} \times \begin{bmatrix} 2.24 & 0 \\ 0 & 1.90 \end{bmatrix} \times \begin{bmatrix} 0.00 & 0.00 & -0.71 & -0.71 \\ -0.85 & -0.53 & 0.00 & 0.00 \end{bmatrix}$$

這些矩陣的乘積，與原始矩陣 X 近似。儘管只使用了 D 值中的一半，也就是 2 個數值，仍保有某種程度的原始資訊。

使用 LSA 來降維時，會使用原始特徵形式轉換前（乘上 $\hat{V}^T$ 之前）的 $\hat{U}\hat{D}$。$\hat{U}\hat{D}$ 為 8 列 2 行的矩陣，可以解釋成是從簡化後的特徵中挑選出的 2 個最重要的特徵。

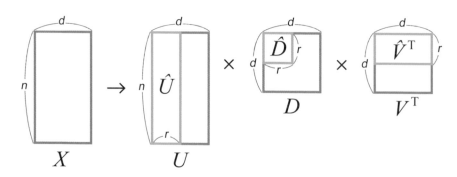

▲ 圖 3.2.2　將 n 列 d 行的 **X** 進行矩陣分解後的示意圖。
若想降維成 r 個特徵，則須使用 $\hat{U}\hat{D}$

接下來確認具體的數值。假設簡化後的 2 個特徵分別為 A 與 B。A 與 B 雖然不具明顯的語義，卻擁有根據詞彙的關聯性所塑造的潛在語義。

以潛在語義空間呈現的詞彙

	A	B
汽車	0.00	0.85
公司	0.00	0.85
去	0.00	1.38
車	0.00	0.53
餐廳	1.41	0.00
漢堡排	0.71	0.00
吃	1.41	0.00
義大利麵	0.71	0.00

▲ 表 3.2.2　**2 種特徵**

「汽車」和「車」在變數 B 有數值，「漢堡排」和「義大利麵」在變數 A 有數值。以特徵 A 和 B 來呈現，便能顯示出各詞彙之間的關聯性。

汽車

車

漢堡排

義大利麵

▲ 圖 3.2.2　**透過潛在變數呈現的詞彙**

▶ 範例程式碼

前述問題可寫成 Python 程式碼如下。原本以 8 個變數（＝詞彙數）表示的內容，現在以 2 個潛在變數呈現。

▼ 範例程式碼

```python
from sklearn.decomposition import TruncatedSVD

data = [[1, 0, 0, 0],
        [1, 0, 0, 0],
        [1, 1, 0, 0],
        [0, 1, 0, 0],
        [0, 0, 1, 1],
        [0, 0, 1, 0],
        [0, 0, 1, 1],
        [0, 0, 0, 1]]

n_components = 2 # 潛在變數的數量
model = TruncatedSVD(n_components=n_components)
model.fit(data)

print(model.transform(data)) # 轉換後的資料
print(model.explained_variance_ratio_) # 貢獻率
print(sum(model.explained_variance_ratio_)) # 累積貢獻率
```

```
[[ 0.00000000e+00    8.50650808e-01]
 [ 0.00000000e+00    8.50650808e-01]
 [-1.08779196e-15    1.37638192e+00]
 [-1.08779196e-15    5.25731112e-01]
 [ 1.41421356e+00    8.08769049e-16]
 [ 7.07106781e-01    2.02192262e-16]
 [ 1.41421356e+00    8.08769049e-16]
 [ 7.07106781e-01    6.06576787e-16]]
```

```
[0.38596491 0.27999429]
```

```
0.6659592065833297
```

　　LSA 與 PCA 相同，也可以計算轉換後的矩陣含有多少比例的原始資料。在以上使用了 scikit-learn 的程式碼中，累積貢獻率為 0.67，可知以 2 個變數便能解釋原始資料的 67％。

詳細內容

▶ LSA 的注意事項

　　在「演算法」一節中說明的矩陣分解，是一種名為奇異值分解（Singular Value Decomposition）的方法。採用奇異值分解的 LSA 可廣泛運用於資料搜尋，同時具有許多好處，例如可用新的空間來呈現文件等等。不過在實際應用上，仍有幾個必須注意的地方。

　　首先，有時轉換後的矩陣會較難解釋。透過奇異值分解進行降維後，各維度可能形成正交，矩陣中的元素也可能為負值，因此通常使用後面即將介紹的 NMF 或 LDA 等方法，在解釋結果上會容易很多。

　　其次，有時會非常耗費計算資源。尤其是使用於文書時，由於原始矩陣的維度就是詞彙的種類數，因此必須針對極龐大的矩陣進行矩陣分解。

　　與計算資源相關的另一個問題，就是每當追加新的詞彙，就必須重新製作原始矩陣並再次計算，故更新模型有一定的難度。

參考文獻

　　Deerwester, S., Dumais, S.T., Furnas, G.W., Landauer, T.K. and Harshman, R, Indexing by Latent Semantic Analysis. *Journal of the American Society for Information Science and Technology* 41, 391-407 (1990)

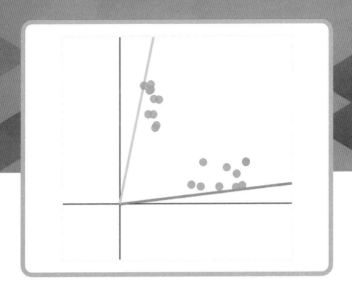

NMF

12

NMF（Non-negative Matrix Factorization，非負矩陣分解）是一種降維方法，其特性為輸入資料與輸出資料的值皆為非負數。在處理圖像資料時，這樣的特性有利於解釋模型。

 概要

NMF 是矩陣分解的方式之一，目前已廣泛運用於電腦視覺（Computer Vision）、文字探勘（Text Mining）和推薦系統（Recommendation System）等領域。NMF 也像 LSA 一樣，可以找出某陣列中潛在的變數，但是 NMF 僅適用於原始矩陣的元素皆為非負數（也就是 0 以上）的狀況。NMF 的特徵如下：

- 原始矩陣的所有元素皆為非負數

- 分解後矩陣的所有元素皆為非負數

- 潛在語義空間的各維度不一定正交

在實際運用時，前述特質有其好處。第一是分析結果比較容易解釋；例如用於處理文字資料時，可以用潛在變數的加總來呈現文件，因此用 NMF 來降維，並將潛在變數視為主題（topic），便能透過「某文件的主題 A 為 0.5，主題 B 為 0.3……」這樣的敘述來解釋文件的資訊。

由於現實生活中的文件（新聞報導或論文等）往往包含多個主題，故可建立模型，以利解釋。相反地，當潛在變數的值為負數時，就會出現「主題 A 為 -0.3，主題 B 為 0.6……」的狀況，變得難以解釋。

另外，NMF 並不受潛在變數必須正交的限制，因此各潛在變數擁有的資訊在某種程度上可以重複。

以前述的例子而言，就代表每個主題都擁有某種程度重複的資訊。這也是符合實際資料的模型。

圖 3.3.1 是在二維資料上分別套用 NMF 與 PCA 的結果。由圖可知 NMF 各潛在空間（Latent Space）的軸，都有重複的資訊，而這樣的特性能幫助我們掌握多主題資料的特徵。在 PCA 等方法中，由於潛在空間的維度皆為正交，因此無法找出資料中每個主題的特徵。

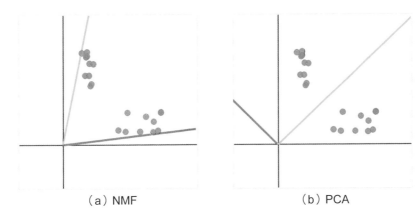

(a) NMF　　　　　　　　(b) PCA

▲ 圖 3.3.1　在二維資料上套用 NMF 的結果（a）與套用 PCA 的結果（b）

第
3
章

非監督式學習

演算法

　　屬於矩陣分解方式之一的 NMF，可以將原始資料分解為 2 個矩陣來降維（圖 3.3.2）。假設原始資料是一個 n 列 d 行的矩陣 V，可用 W 與 H 這 2 個矩陣的乘積來表示。W 為 n 列 r 行，H 為 r 列 d 行的矩陣。WH 近似原始矩陣 V，可選擇比 d 小的 r 來進行降維。此時，W 的各列就是 V 各列降維的結果。

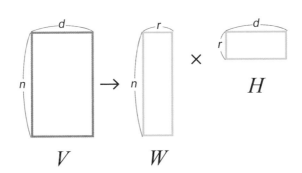

▲ 圖 3.3.2　對 n 列 d 行的矩陣 V 進行矩陣分解之示意圖。
　　　　　　W 為降維至 r 個特徵的結果

求 W 與 H 時，必須在 $W \geq 0$、$H \geq 0$ 的條件下，讓 WH 趨近 V。

反覆進行「將 H 視為常數，更新 W」、「將 W 視為常數，更新 H」，交替更新 W 與 H。

圖 3.3.3 是將 NMF 的計算過程加以視覺化的結果。

圖中的灰點為原始矩陣 V，綠點為近似矩陣 WH，由圖可知隨著計算的進行，近似矩陣逐漸趨近原始矩陣。另外，紅線和藍線為潛在空間的軸，而近似矩陣的點皆顯示於潛在空間的軸（二維空間）上。

- 將矩陣 W、H 初始化，值為正數

- 將 H 視為常數，更新 W

- 將 W 視為常數，更新 H

- 當 W、H 收斂，便停止計算

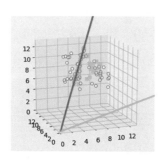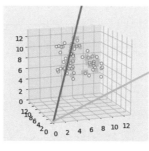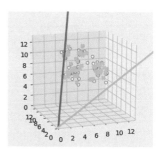

▲ 圖 3.3.3　套用 NMF 至三維資料時參數更新的狀況

▌▶ 範例程式碼

以下為使用 scikit-learn 執行 NMF 時的範例程式碼。

▼ 範例程式碼

```
from sklearn.decomposition import NMF
from sklearn.datasets.samples_generator import make_blobs


centers = [[5, 10, 5], [10, 4, 10], [6, 8, 8]]
V, _ = make_blobs(centers=centers) # 產生以 centers 為中心的資料


n_components = 2 # 潛在變數的數量
model = NMF(n_components=n_components)
model.fit(V)


W = model.transform(V) # 分解後的矩陣
H = model.components_
print(W)
print(H)
```

```
[[0.93222442    0.51572953]
 [0.47720456    0.97821177]
 [0.95984912    0.63949264]
 ……略……
 [0.59450123    0.85559602]
 [1.31398151    0.11257937]
 [0.55687813    1.11451525]]
```

[[7.29377403   1.2260137   7.80020415]
 [0.   9.42217044   0.17445289]]

 詳細內容

▶ NMF 與 PCA 的比較

前面介紹了 NMF 的演算法，接下來我們將以具體資料集為例，實際套用 NMF。

範例使用的資料為人臉圖像（19 × 19 畫素，共 2,429 張），如圖 3.3.4；另外同時也用 PCA 降維，以作為對照。假設以兩種方法降維後，皆可用 49 個變數呈現。原始圖像資料擁有 361 個（= 19 × 19 畫素）特徵，因此這個任務相當於將 361 個特徵轉換為 49 個潛在變數。

▲ 圖 3.3.4　人臉圖像

無論是 PCA 或 NMF，潛在變數都是根據原始特徵計算出來的，因此每個潛在變數都與 361 個原始特徵有關聯（以 NMF 來說，就是矩陣 H 裡的某 1 列）。將 49 個潛在變數與原始特徵的關聯視覺化，便可得到圖 3.3.5 和圖 3.3.6。

視覺化時會對各變數進行縮放（scaling），以利使用圖像來呈現各變數的最小值與最大值。若想恢復原始圖像，只須算出轉換後的某個資料點（以 NMF 來說，就是矩陣 W 裡的某 1 列）與視覺化後資料的乘積即可（圖 3.3.7）。這就相當於只要求出 1 列 49 行矩陣和 49 列 361 行矩陣的乘積，便能得到 1 列 361 行的矩陣。

在 PCA 的結果，也就是圖 3.3.5 中，負值較暗，正值較亮。左上的圖像貢獻率最高，之後遞減。可以看出每張圖像裡都呈現出完整的人臉。而在 NMF 的結果，也就是圖 3.3.6 中，圖像偏暗的部分較多，而這些的值都是 0。此外，可以看出每一個潛在變數都呈現出臉的一部分。

若考慮到恢復原始圖像，便可明確看出這 2 種方法的特徵截然不同。使用 PCA 時，將各種臉（若不考慮邏輯，也就是「負的臉」和「正的臉」）加總起來，便能恢復原始圖像。而 NMF 則是藉由將「擁有部分臉部資訊」的圖像加以組合，來恢復原始圖像，因此 NMF 比較容易解釋潛在變數的意義（以此例來說，就是臉的一部分）。

PCA

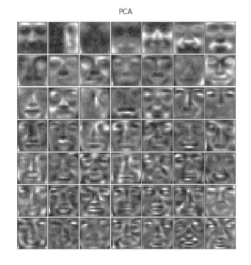

NMF

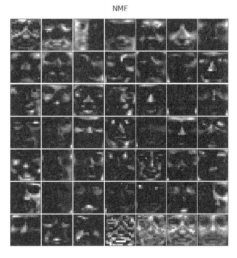

▲ 圖 3.3.5　**將 PCA 套用於人臉圖像後的結果**

▲ 圖 3.3.6　**將 NMF 套用於人臉圖像後的結果**

零基礎入門的機器學習圖鑑

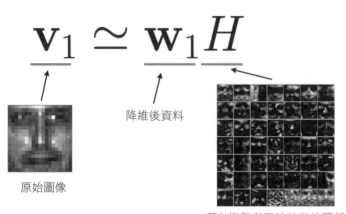

$$\underline{\mathbf{v}_1} \simeq \underline{\mathbf{w}_1}\underline{H}$$

降維後資料

原始圖像

潛在變數與原始特徵的關係
（對應 49 列 361 行的矩陣）

▲ 圖 3.3.7　將降維後的資料復原

參考文獻

D. Lee and H. Seung, Algorithms for non-negative matrix factorization, *Advances in neural information processing systems* 13, 556-562 (2001)

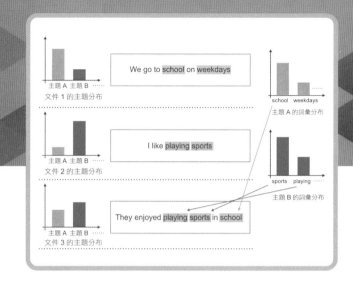

We go to school on weekdays

主題 A 主題 B
文件 1 的主題分布

school   weekdays
主題 A 的詞彙分布

I like playing sports

主題 A 主題 B
文件 2 的主題分布

sports   playing
主題 B 的詞彙分布

They enjoyed playing sports in school

主題 A 主題 B
文件 3 的主題分布

13 LDA

LDA（Latent Dirichlet Allocation，隱含狄利克雷分布）是一種降維方法，可幫助建立文件模型。

在報紙等新聞報導中，通常包含「運動」或「教育」等1個或多個主題。透過 LDA，可將文件中的詞彙視為輸入資料，分類至多個主題。

 概要

  LDA 是一種用於處理自然語言的方法，能根據文件裡的詞彙建構潛在主題，呈現出各文件分別以哪些主題組成。LDA 將每份文件視為擁有多個主題，而非只有單一主題。例如在現實生活中的新聞報導中，往往含有「運動」、「教育」等多個主題，透過LDA，便能完整適切地呈現新聞報導文章。

  接著讓我們一起用具體的例子來幫助理解。假設範例中有 2 個主題，將 LDA 套用在下列 5 個例句，會得到什麼樣的結果呢？

1. **We go to school on weekdays.**

2. **I like playing sports.**

3. **They enjoyed playing sports in school.**

4. **Did she go there after school?**

5. **He read the sports columns yesterday.**

我們可以將所謂的主題視作與詞彙相關的機率分布。假設範例中有 A、B 兩個主題，其機率分布分別如圖 3.4.1 所示，主題 A 中最具特徵性的詞彙為「school」，主題 B 中最具特徵性的詞彙為「sports」。另外，透過預測文件中所含主題之比例，便能用主題的機率分布（主題分布）來表示文件。

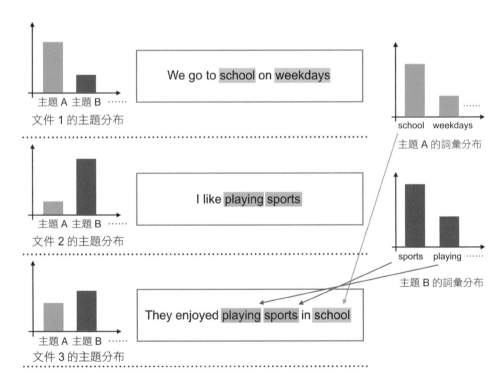

▲ 圖 3.4.1　根據各文件之主題分布與各主題之詞彙分布所建立的文字資料示意圖

如圖 3.4.1 所示，LDA 會利用主題分布與詞彙分布來建立文字資料。

依照文件所含的主題分布將詞彙歸類完畢後，再依照該主題所含的詞彙分布來選擇文件裡的詞彙。重複前述步驟，便能建立一個能產出文件的模型。透過輸入資料決定主題分布與詞彙分布的機制，將在下面的「演算法」中詳述。

1. 根據文件所含的主題分布，將詞彙分類至各主題

2. 根據分類後主題所含之詞彙分布，決定詞彙

3. 針對所有文件中所含的詞彙執行步驟 1 和 2

◤ 演算法

LDA 預測主題分布與詞彙分布的過程如下：

1. 隨機賦予各文件裡的詞彙一個主題

2. 依據被分配給詞彙的主題，算出各文件的主題機率

3. 依據被分配給詞彙的主題，算出各主題的詞彙機率

4. 根據 2 和 3 相乘後的機率，再度賦予各文件的詞彙主題

5. 重複步驟 2、3、4，直到滿足收斂條件

根據步驟 4 計算出的機率，替各文件的詞彙賦予主題。各文件的主題機率在 2 就已經決定，因此在同一文件內會比較容易選出特定主題。因此，同一文件內的詞彙具有被賦予同一主題的傾向。只要反覆進行此計算，特定主題被分配到同一文件的機率便會大幅提升。此外，具有關聯性的詞彙

也比較容易被歸類至同一主題，因此足以代表該主題的詞彙機率便會增加。

▶ 範例程式碼

以 scikit-learn 實作，利用 LDA 產生主題模型。範例中使用的是名為「20 Newsgroups」的資料集，裡面收集了各種網路文章，並將其分類為 20 種主題。這 20 種主題包括「alt.atheism」、「comp.graphics」等等，每篇網路文章都屬於 1 個主題。

▼ 範例程式碼

```python
from sklearn.datasets import fetch_20newsgroups
from sklearn.feature_extraction.text import CountVectorizer
from sklearn.decomposition import LatentDirichletAllocation


# 用 remove 排除本文以外的資訊
data = fetch_20newsgroups(remove=('headers', 'footers', 'quotes'))


max_features = 1000
# 將文字資料轉換為向量
tf_vectorizer = CountVectorizer(max_features=max_features,
                                stop_words='english')
tf = tf_vectorizer.fit_transform(data.data)


n_topics = 20
model = LatentDirichletAllocation(n_components=n_topics)
model.fit(tf)
```

```
print(model.components_)  # 各主題中的詞彙分布
print(model.transform(tf))  # 以主題呈現的文件
```

```
[[5.00661573e-02 5.00001371e-02 1.15548091e+01 ... 5.00000866e-02
  5.00000382e-02 5.00001268e-02]
 [5.00000042e-02 5.00000039e-02 5.00000035e-02 ... 5.00491344e-02
  5.00000045e-02 5.00000054e-02]
 [5.00000041e-02 5.00034336e-02 5.00000066e-02 ... 5.32886389e+02
  5.00000282e-02 1.07251934e+02]
 ……略……
 [5.00000064e-02 5.00000043e-02 5.00000074e-02 ... 5.00970504e-02
  5.00000045e-02 1.98535651e+00]
 [5.00000046e-02 5.00003898e-02 5.00000046e-02 ... 5.00116838e-02
  5.00000693e-02 1.12692943e+02]
 [5.00000048e-02 5.00000068e-02 5.00000047e-02 ... 6.19074192e+01
  5.00000045e-02 9.91448535e-02]]
```

```
[[0.00208333 0.00208333 0.28397031... 0.09848581 0.00208333  0.00208333]
 [0.0025     0.10318462 0.0025      ... 0.07045392 0.0025       0.0025    ]
 [0.00060241 0.00060241 0.43801521... 0.13849737 0.04999365 0.00060241]
 ……略……
 [0.00454545 0.09681648 0.36397178... 0.00454545 0.00454545 0.00454545]
 [0.00294118 0.00294118 0.16126703... 0.00294118 0.39963043 0.11214416]
 [0.00357143 0.13604762 0.36396555... 0.00357143 0.00357143 0.00357143]]
```

詳細內容

▶ 以主題呈現文件

接下來將仔細確認前述「演算法」中學習的 LDA 結果。

將各主題分布的詞彙按機率大小依序排列，便可以掌握代表各主題的詞彙。

我們可以從主題中所含的詞彙來解釋主題，例如：主題 16 是有關運動的主題，主題 18 是有關電腦的主題。

—主題16：

game team year games season play hockey players league win teams ...

—主題17：

mr president think going know don stephanopoulos people jobs did ...

—主題18：

windows drive card scsi disk use problem bit memory dos pc using ...

—主題19：

space db nasa science launch earth data ground wire satellite orbit ...

...

相對地，下列主題只含有數值或不具特徵性的詞彙。這種乍看之下難以解釋的結果，有時可以透過停用詞（Stop Word，為了提高精準度而從處理工作中排除的詞彙）來改善。

—主題4：

00 10 25 15 12 11 16 20 14 13 18 30 50 17 55 40 21 ...

—主題 6：

people said know did don didn just time went like say think told ...

接著確認文件中的主題分布。下圖為某份文件的主題分布，由於含有許多主題 18 的成分，故可判斷這是一份與電腦相關的文件。這份文件實際上的主題為「comp.sys.mac.hardware」，可知是一篇有關 Apple Mac 的網路文章。

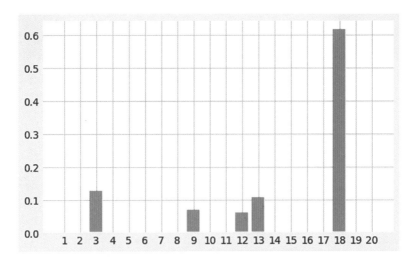

▲ 圖 3.4.2　某文件的主題分布（主題數量為 20）

若只用詞彙來呈現文件的特徵，往往會不夠直覺，難以理解；但透過 LDA，便能以主題來呈現文件的特徵。

參考文獻

　參考 http://blog.echen.me/2011/08/22/introduction-to-latent-dirichlet-allocation/

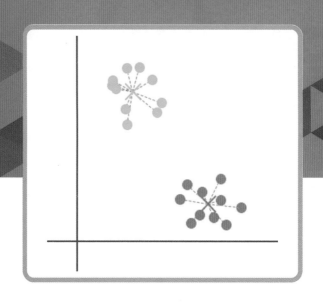

k-means 分群法

14

將類似的資料歸類為一個群集,稱為分群。
k-means 就是一種分群法,因為簡便而廣泛運用於資料分析。

 概要

　　k-means 分群法是典型的分群法之一,方法簡單易懂,同時比其他分群法適合處理龐大的資料,因此廣泛使用於市場分析或電腦視覺等領域。

　　首先讓我們了解 k-means 如何進行分群。圖 3.5.1 是將 k-means 套用於一份虛構的資料集,將各資料點分類為 3 個群集的結果。圖 3.5.1(b)中以「×」標示的點,稱為各群集的重心,是 k-means 所建立之群集的代表點。

　　計算資料點與各群集重心之間的距離,求出最近的群集重心,以決定

資料點所屬的群集。求出群集重心，是 k-means 中相當重要的計算步驟。

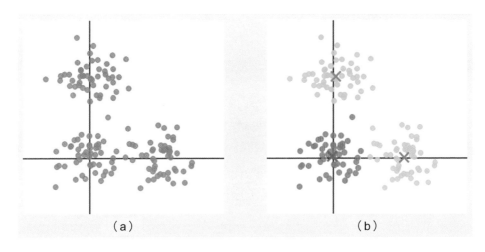

▲ 圖 3.5.1　將 **k-means** 分群法套用於二維資料（**a**）後的結果（**b**）

演算法

k-means 基本演算法的步驟如下：

1. 從資料點中挑選出與群集數相同數目的點作為重心

2. 計算資料點與各重心的距離，將距離最近的重心視為該資料點所屬
   的群集

3. 計算每個群集中資料點的平均值，作為新的重心

4. 重複步驟 2 和 3，直到所有資料點所屬的群集皆不再變動，或達到
   計算步驟數的上限

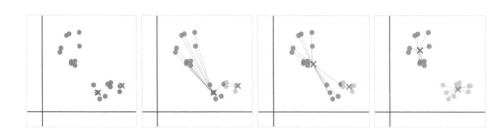

▲ 圖 3.5.2　**k-means 分群法的演算法**

　　步驟 1 的群集數為超參數，因此在學習時必須進行設定。有些資料集很難明確地設定群集數，不過可以透過後面「詳細內容」中介紹的**肘點法**來找出適合的群集數。

　　而在步驟 2 和 3，有時會因為挑選重心的方式不佳，導致學習無法順利進行；這種現象通常會發生在預設重心太靠近時。這時，只要使用一種稱為「k-means++」的方法，便可盡量挑選彼此分開的重心作為預設值，以解決此問題。

▶ 範例程式碼

　　以下是使用鳶尾花資料集的 k-means 範例程式碼。群集數設定為 3。

▼ 範例程式碼

```
from sklearn.cluster import KMeans
from sklearn.datasets import load_iris



data = load_iris()
```

```
n_clusters = 3 # 群集數設定為 3
model = KMeans(n_clusters=n_clusters)
model.fit(data.data)

print(model.labels_) # 各資料點所屬的群集
print(model.cluster_centers_) # 根據 fit() 計算出的重心
```

```
[1 1 1 1 1 1 1 1 1 1 1 1 1 1 1 1 1 1 1 1 1 1 1 1 1 1 1 1 1 1 1 1 1 1 1
 1 1 1 1 1 1 1 1 1 1 1 0 0 2 0 0 0 0 0 0 0 0 0 0 0 0 0 0 0 0 0 0 0 0 0 0
 0 0 0 2 0 0 0 0 0 0 0 0 0 0 0 0 0 0 0 0 0 0 0 0 0 0 0 2 0 2 2 2 2 0 2 2 2
 2 2 0 0 2 2 2 2 2 0 2 0 2 0 2 0 2 2 0 0 2 2 2 2 2 0 2 2 2 2 0 2 2 2 0 2 2 2 0 2
 2 0]
```

```
[[5.9016129   2.7483871   4.39354839  1.43387097]
 [5.006       3.418       1.464       0.244       ]
 [6.85        3.07368421  5.74210526  2.07105263]]
```

▶ 詳細內容

▶ **如何評估分群結果**

前述「演算法」中，已說明如何更新重心。

現在將介紹 k-means 的評估方法，也就是如何判斷分群結果的優劣。
圖 3.5.3 是針對同一份資料執行 k-means 分群法的結果。

在圖 3.5.3（a）中，每個群集的邊界都很清楚地分開，帶給人「分割得很成功」的印象；然而，倘若只用「對圖表的印象」來判斷分析結果的優劣，很可能流於主觀。此外，高維度的資料也往往較難視覺化。我們必須依照某種量化標準，來判斷分群是否成功。

分群結果的優劣，可以透過計算**群集內平方和**（**Within-Cluster Sum of Squares, WCSS**），以量化的方式進行評估（群集數愈多，WCSS 就會愈小，因此僅可用於比較群集數相同之兩者）。

WCSS 是各群集所屬資料點與群集重心距離的平方和，數值愈小，就代表分群品質愈高。

群集重心與所屬資料點的距離愈小，也就是分群後的資料點愈是集中於群集重心，WCSS 值就愈小。

圖 3.5.3（a）的 WCSS 為 50.1，圖 3.5.3（b）的 WCSS 為 124.5，因此可以判斷圖 3.5.3（a）的分群結果較佳。

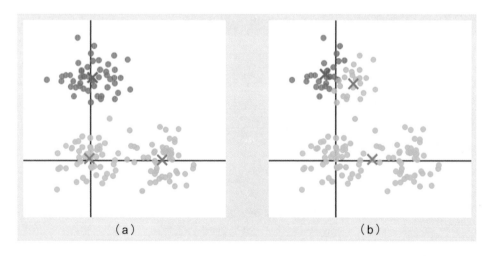

（a）　　　　　　　　　　　（b）

▲ 圖 3.5.3　將 **k-means** 分群法套用於相同資料集的結果

▌如何透過肘點法決定群集數

　　k-means 將群集數視為超參數，在一開始就提供一個預設值，但有時仍難以判斷應將群集數設為多少為佳；而肘點法正是幫助我們決定適當群集數的方法之一。如上所述，群集數愈大，WCSS 的值就愈小；而 WCSS 值的變化，通常會從某個群集數開始趨於緩和。

　　如圖 3.5.4 所示，在群集數 3 之前，WCSS 值降低的幅度極大，但隨著群集數增加為 4、5……，WCSS 的變化就逐漸變得平緩。肘點法以折線圖中宛如手肘般彎曲的點作為指標來決定群集數，因此在此範例中，應可將群集數設定為 3。

　　肘點法可以在對資料認識不足，或缺乏決定群集數的強烈理由時派上用場。不過在實際分析時，可能不會出現如範例中這麼明顯的「肘」，因此請將它視為一種「參考」即可。

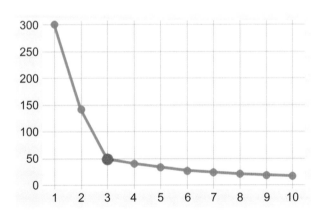

▲ 圖 3.5.4　用肘點法決定群集數

參考文獻

　　Kodinariya, T. M. and Makwana P. R. Review on determining number of cluster in k-means clustering. *IJARCSMS* (6), 90–95 (2013)

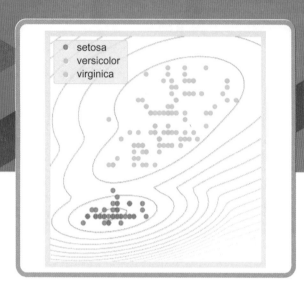

 高斯混合分布

15

廣泛應用於機器學習及統計學領域中的高斯混合分布（Gaussian Mixture Distribution），可呈現出整合後的資料。

高斯混合分布是由多個高斯分布線性組合而成，能替含有複雜成分的資料分群。

▶ 概要

　　與其說高斯混合分布是一種演算法，不如說它是一種機率分布。接下來將介紹：透過機率分布產生資料後，該如何預測其分布參數。此方法亦可應用於分群問題。

　　高斯混合分布的基礎，也就是高斯分布（Gaussian Distribution，又稱常態分布），是在統計學和機器學習領域中經常使用的機率分布。高斯混合分布以多個高斯分布線性組合而成，藉由表示資料中心點（Central

Location）的平均數（**Mean Value**），以及表示分散情況（Dispersion）的變異數（**Variance**）來呈現資料的分布狀態。

　　首先讓我們釐清高斯分布與高斯混合分布的差異。圖 3.6.1 是將高斯分布與高斯混合分布套用至鳶尾花資料集的結果，圖中以等高線圖呈現各分布狀況。

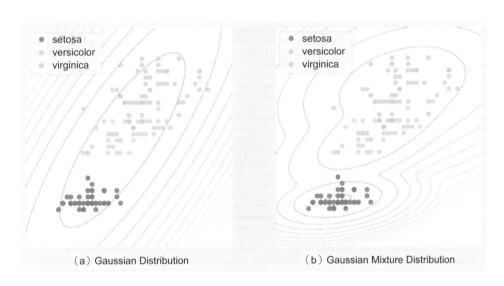

（a）Gaussian Distribution　　　　　（b）Gaussian Mixture Distribution

▲ 圖 3.6.1　將高斯分布（a）與高斯混合分布（b）套用至鳶尾花資料集的結果

　　在圖 3.6.1（a）中，我們可以看出整體鳶尾花資料集各軸的平均數和變異數，但由於鳶尾花資料集裡含有 setosa、versicolor、virginica 3 種品種，若以各軸只有 1 個平均數與 1 個變異數的高斯分布來呈現，便無法顯示出各品種的差異。

　　而圖 3.6.1（b）則是套用了高斯混合分布的結果，可以看見圖中有 3 個高斯分布互相重疊。換言之，高斯混合分布能夠呈現以多個類別（在此例中是多個品種）組成的複雜資料。

演算法

高斯混合分布在學習過程中，會根據資料點求出各高斯分布的平均數及變異數。為求簡單易懂，以下將以一維資料為例，說明如何求得參數。圖 3.6.2 是 2 種高斯分布以及從中抽樣製成的一維資料散佈圖。紅點是從平均數：−2.0，變異數：2.2 的高斯分布中抽樣的資料；藍點是從平均數：3.0，變異數：4.0 的高斯分布中抽樣的資料。

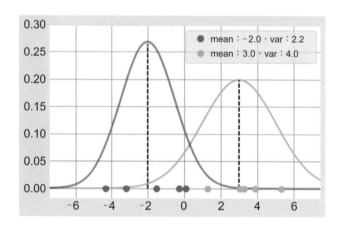

▲ 圖 3.6.2　是 2 種高斯分布以及從中抽樣製成的一維資料散佈圖

高斯混合分布需要解的問題，就是根據資料點求出高斯分布的參數。

如圖 3.6.2，假如用顏色就可判斷各資料點所屬的類別，那麼問題便很簡單，只要求出每種顏色的平均數和變異數即可。但是在高斯混合分布中，卻必須在不知道各資料點屬於哪個類別的狀態下求出參數，因此必須先「預測每個資料點分別屬於哪個類別的權重」，再「預測各類別的高斯分布參數（平均數和變異數）」。

具體而言，求得參數的步驟如圖 3.6.3 所示。

1. 初始化參數（各高斯分布的平均數與變異數）

2. 計算各類別中資料點的權重

3. 根據步驟 2 算出的權重，重新計算參數

4. 重複步驟 2 和 3，直到步驟 3 算出的各平均數趨於不變

①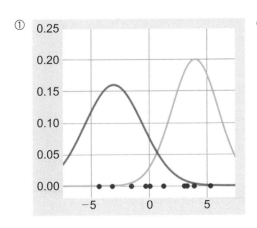

②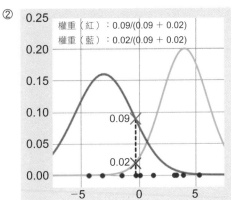

③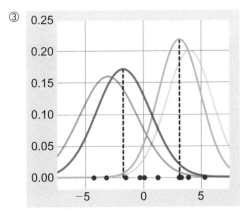

④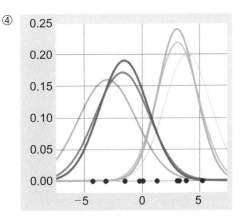

▲ 圖 3.6.3　將高斯混合分布套用至一維資料

在步驟 1 進行參數初始化，決定各高斯分布的平均數與變異數。

在步驟 2 計算資料點的權重；權重的計算方法為：（各高斯分布的值）／（所有高斯分布值的總和）。計算出所有資料點的權重後，再求出各類別的平均數，接著計算變異數。

將各資料點與平均數之間差距的平方和加以平均，即為變異數；在此計算的是各資料點與平均數之差的平方和之加權平均數（Weighted Mean）。

根據以上求得的平均數和變異數，在步驟 3 計算出新的高斯分布。

重複步驟 2 與 3，更新參數。

高斯混合分布的特徵，就是不會具體決定資料點屬於哪個類別，而是透過權重來呈現各資料點所屬的類別，逐步更新平均數與變異數。

▶ 範例程式碼

以下是將高斯混合分布應用在包括 3 種品種的鳶尾花資料集時的範例程式碼。

▼ 範例程式碼

```python
from sklearn.datasets import load_iris
from sklearn.mixture import GaussianMixture


data = load_iris()


n_components = 3 # 高斯分布的數量
model = GaussianMixture(n_components=n_components)
model.fit(data.data)
print(model.predict(data.data)) # 預測分類
```

```
print(model.means_)  # 各高斯分布的平均數
print(model.covariances_)  # 各高斯分布的變異數
```

```
[1 1 1 1 1 1 1 1 1 1 1 1 1 1 1 1 1 1 1 1 1 1 1 1 1 1 1 1 1 1 1 1 1 1 1
 1 1 1 1 1 1 1 1 1 1 1 1 1 0 0 0 0 0 0 0 0 0 0 0 0 0 0 0 0 0 0 2 0 2 0 2
 0 0 0 2 0 0 0 0 0 2 0 0 0 0 0 0 0 0 0 0 0 0 0 0 0 2 2 2 2 2 2 2 2 2 2 2
 2 2 2 2 2 2 2 2 2 2 2 2 2 2 2 2 2 2 2 2 2 2 2 2 2 2 2 2 2 2 2 2 2 2 2 2
 2 2]
```

```
[[5.91697517  2.77803998  4.20523542  1.29841561]
 [5.006       3.418       1.464       0.244]
 [6.54632887  2.94943079  5.4834877   1.98716063]]
```

```
[[[0.27550587 0.09663458  0.18542939 0.05476915]
  [0.09663458 0.09255531  0.09103836 0.04299877]
  [0.18542939 0.09103836  0.20227635 0.0616792 ]
  [0.05476915 0.04299877  0.0616792  0.03232217]]
 ……略……
 [[0.38741443 0.09223101  0.30244612 0.06089936]
  [0.09223101 0.11040631  0.08386768 0.0557538 ]
  [0.30244612 0.08386768  0.32595958 0.07283247]
  [0.06089936 0.0557538   0.07283247 0.08488025]]]
```

詳細內容

利用高斯混合分布進行分群

本節將利用高斯混合分布，替以下的資料分群。圖 3.6.3 分別為利用高斯混合分布進行分群的結果，以及針對同一份資料以 k-means 分群法進行分群的結果。

高斯混合分布可以將每個高斯分布顯示為橢圓形，因此能清楚地呈現資料點。而 k-means 因為較適用於以重心為中心點以圓形分布的資料，因此有時無法順利替如範例這類的資料分群。

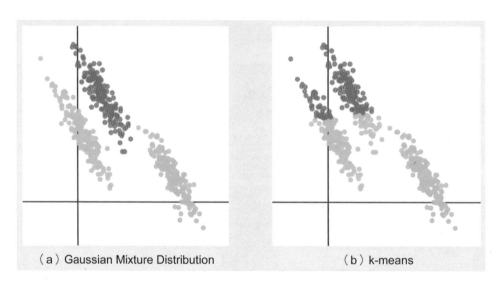

（a）Gaussian Mixture Distribution　　　（b）k-means

▲ 圖 3.6.3　分群結果。（a）高斯混合分布，（b）k-means 分群法

參考文獻

scikit-learn. sklearn.mixture.GaussianMixture, Retrieved February 15, 2019, from https://scikit-learn.org/stable/modules/generated/sklearn.mixture.GaussianMixture.html

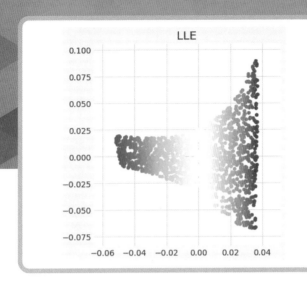

 LLE

16

將結構複雜的資料轉換成簡單明瞭的形式，是非監督式學習的重
要課題之一。
LLE（Locally Linear Embedding，局部線性嵌入法）能將高維
度空間中彎曲而複雜的結構，以簡單的形式呈現於低維度空間。

概要

LLE 是一種流形學習（Manifold Learning），主要目的是替非線性結
構的資料降維。接下來讓我們看看具體的例子。

圖 3.7.1（a）是「瑞士捲」（Swiss Rolls）的散佈圖。瑞士捲是一種最
具代表性的典型非線性資料，狀似將二維結構（＝長方形）捲起，嵌入在
三維空間裡。將 LLE 和 PCA 套用於此資料集，降維至二維後的結果，分
別如圖 3.7.1（b）與圖 3.7.1（c）所示。

　　LLE 將原本嵌入於三維空間裡的二維結構取出，並以二維資料的形式呈現。而 PCA 的降維方式，則宛如將原本的資料壓扁。PCA 適用於變數之間線性相關的資料，因此若想替瑞士捲這種非線性資料降維，選擇 LLE 較為恰當。

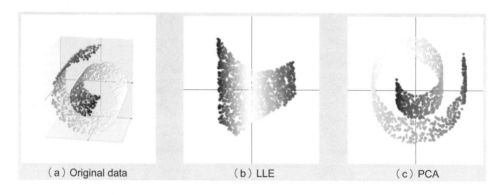

| （a）Original data | （b）LLE | （c）PCA |

▲ 圖 3.7.1　（a）瑞士捲資料，（b）套用 LLE 的結果（鄰近點數：12），
　　　　　　（c）套用 PCA 的結果

演算法

　　在 LLE 的演算法中，必須以鄰近點的線性組合來呈現資料點。以資料點 x_1 而言，最靠近 x_1 的 2 個點為 x_2、x_3 的線性組合來講解。

　　假設在圖 3.7.2 的圖左中，當 $x_1 =（1, 1, 1）$，$x_2 =（-1, 0, -1）$，$x_3 =（2, 3, 2）$ 時，x_2、x_3 的權重分別為 $W_{12} = -1/3$，$W_{13} = 1/3$，則可表示為 $x_1 = W_{12} x_2 + W_{13} x_3$。若在彼此關係沒有扭曲變形的狀況下，將這 3 個存在於三維空間的點移動至二維空間，便能直接利用前述的權重，以鄰近點來表示 x_1。

　　三維空間實際上的結構宛如瑞士捲一般呈捲曲狀態，但 LLE 可將點與

點的局部關係，也就是資料點與鄰近點的關係視為一個沒有扭曲變形的空間，以表示資料點。

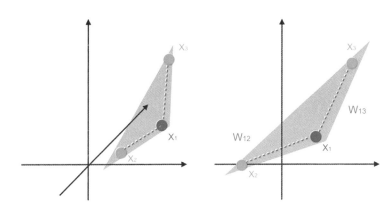

▲ 圖 3.7.2　鄰近點示意圖

以上為鄰近點的線性組合範例，接下來將說明 LLE 的演算法。假設在一個 D 維空間裡，存在著一個 d 維空間（但 d < D）的結構，則降維的步驟如下。

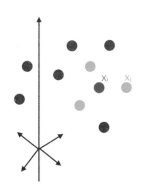 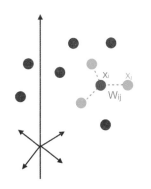 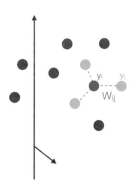

1. 求資料點 x_i 的鄰近點（數量為 K）。

2. 利用 K 個鄰近點的線性組合求得權重 W_{ij}，重新組成 xi。

3. 利用權重 W_{ij}，計算低維度（d 維）裡的 y_i。

▲ 圖 3.7.3　**LLE** 的演算法

LLE 的特徵，就是找出資料點 x_i 的鄰近點。

決定鄰近點的數量後，首先將「x_i」與「x_i 鄰近點之線性組合」的誤差以 $x_i - \Sigma_j W_{ij} x_j$ 表示，求出 W_{ij}。

誤差的大小會隨著 W_{ij} 值的變化而異。

求出所有 x_i 與線性組合的差，再算出其平方和，便可用下面的損失函數表示權重 W_{ij} 與誤差的關係。

$$\varepsilon(W) = \Sigma_i | x_i - \Sigma_j W_{ij} x_j |^2$$

此時，除了鄰近點以外的 W_{ij} 皆為 0，同時每個 i 皆必須遵守 $\Sigma_j W_{ij} = 1$ 的限制。權重 W_{ij} 表示資料點 x_i 與其鄰近點的關係，即使在低維度空間仍保持相同的關係。算出權重後，接著計算表示低維度空間資料點的 y_i。

$$\Phi(Y) = \Sigma_i | y_i - \Sigma_j W_{ij} y_j |^2$$

前面已經求出讓誤差減至最小的權重 W_{ij}，現在則是利用剛才的 W_{ij}，求出讓誤差減至最小的 y。

▶ 範例程式碼

以下是在瑞士捲資料集中套用 LLE 的程式碼。鄰近點數量設為 12。

▼範例程式碼

```
from sklearn.datasets import samples_generator
from sklearn.manifold import LocallyLinearEmbedding


data, color = samples_generator.make_swiss_roll(n_samples=1500)
```

```
n_neighbors = 12  # 鄰近點的數量
n_components = 2  # 降維後的維度
model = LocallyLinearEmbedding(n_neighbors=n_neighbors,
                               n_components=n_components)
model.fit(data)
print(model.transform(data))  # 轉換後的資料
```

```
[[0.03417034   0.01889039]
 [0.03160555   0.05350996]
 [0.03590683   0.04619116]
 ...
 [0.01255618  -0.02078975]
 [0.02722956   0.00697508]
 [0.02950613  -0.0050912 ]]
```

▶ 詳細內容

▶ 流形學習

　　LLE 和下一個單元將介紹的 t-SNE 等非線性資料降維的方法，亦可稱為流形學習。流形是一個空間，可透過擷取局部，而將其整體視為沒有彎曲的空間。舉例而言，就像地球是一個球體，但可以將局部繪製成平面的地圖。由於流形的詳細定義已經超出本書討論的範圍，在此不多做說明。

　　讀者在閱讀本書時，請將流形理解為「**若只看局部，則呈現低維度空間嵌入於高維度空間中的結構**」即可。包括 LLE 在內的流形學習，可以找出（以彎曲、扭曲的狀態）嵌入於高維度空間中的低維度資料結構。

▶ 鄰近點的數量

在運用 LLE 時，必須先將鄰近點的數量設定為超參數。

圖 3.7.4 是使用圖 3.7.1（a）的瑞士捲資料集，將鄰近點數量設定為 5（a）以及 50（b）的結果。當鄰近點數量為 5 時，由於無法找到有關聯的結構，因此降維後的點看起來較為密集，集中在一個狹小的範圍內，代表它無法反映出大部分的資訊。

當鄰近點數量為 50 時，可以看見各種顏色的點都集中在一起；這是因為鄰近點的數量過多，導致無法掌握局部結構的關係。如上所述，鄰近點的數量對 LLE 的結果具有莫大的影響，在決定數量時必須格外謹慎。

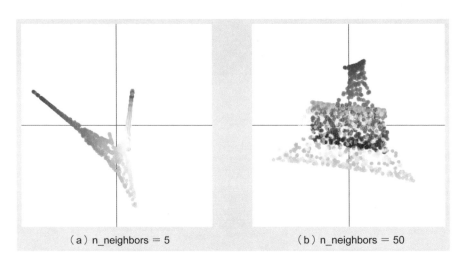

（a）n_neighbors = 5　　　（b）n_neighbors = 50

▲ 圖 3.7.4　鄰近點數量對 LLE 結果的影響。（a）鄰近點數量：5，（b）鄰近點數量：50

參考文獻

J.A. Lee and M. Verleysen, Nonlinear dimensionality reduction of data manifolds with essential loops. *Neurocomputing*, 67:29–53 (2005)

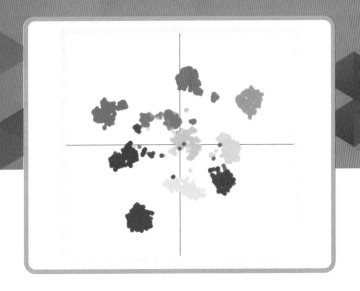

17 t-SNE

t-SNE（t-Distributed Stochastic Neighbor Embedding）是將複雜的高維度資料降維至二維（或三維）的降維方法，常用於低維度空間的視覺化。

降維時，結構相似的資料會聚集在一起，因此有助於理解資料的結構。

▶ 概要

t-SNE 是一種流形學習，主要目的為將高維度資料降維成二維或三維，以利將複雜的資料加以視覺化。圖 3.8.1 是利用 t-SNE 將三維空間降維成二維空間的結果。由圖可知，原始資料（a）是嵌入 2 個瑞士捲結構的三維空間，而降維後的二維空間（b）可呈現出 2 種結構的差異。

如上所述，t-SNE 具備以低維度空間呈現多個結構的能力。

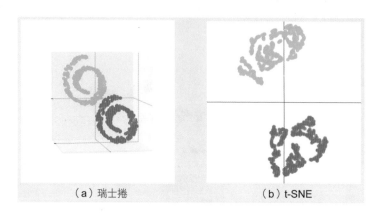

(a) 瑞士捲　　　　　(b) t-SNE

▲ 圖 3.8.1　使用 **t-SNE** 降維

　　t-SNE 的特徵，就是在進行降維的時候，會使用自由度（Degree of Freedom）為 1 的 t 分布（t-distribution）。t 分布可將原本在高維度空間中彼此鄰近的結構在低維度空間中變得更近，或使原本彼此遠離的結構變得更遠。具體內容將從下面的「演算法」開始詳述。

 演算法

　　t-SNE 的演算法如下：

1. 利用高斯分布來表示各組中 x_i、x_j 的相似度（Similarity）

2. 將數量與 x_i 相同的點 y_i 隨機分配於低維度空間，利用 t 分布來表示各組中 y_i、y_j 的相似度

3. 更新資料點 y_i，直到步驟 1 與 2 定義的相似度分布趨近相同

4. 重複步驟 3，直到滿足收斂條件

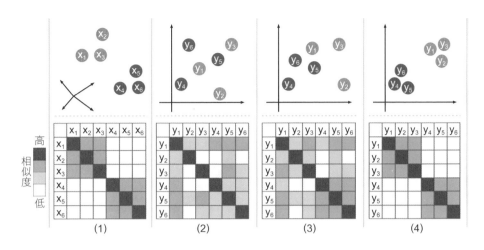

▲ 圖 3.8.2　**t-SNE** 的演算法

　　在此說明步驟 1、2 裡提到的相似度。相似度表示資料點之間相似的程度，除了利用資料間的距離，也會如圖 3.8.2 一般，利用機率分布來表示。

　　在圖 3.8.3 中，橫軸為距離，縱軸為相似度。由圖可知，資料彼此間的距離愈近，相似度就愈高；距離愈遠，相似度就愈低。首先利用常態分布計算高維度空間裡的相似度，以稱為 p_{ij} 的分布來表示。p_{ij} 代表資料點 x_i 與 x_j 的相似度。

　　接著，將對應 x_i 的資料點 y_i 隨機配置於低維度空間，並同樣計算出此資料點的相似度，以 q_{ij} 表示；不過這次使用的是 t 分布。

　　計算出 p_{ij} 與 q_{ij} 之後，不斷更新資料點 y_i，直到 q_{ij} 的分布與 p_{ij} 相同。如此一來，便能透過低維度空間的 y_i 來重現高維度空間中各 x_i 的相似度。此時，由於低維度空間使用的是 t 分布，因此當相似度高時，資料點在低維度空間將會分布得比原本更接近；相對地，當相似度低時，資料點在低維度空間裡就會離得更遠。

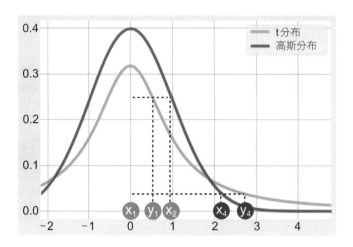

▲ 圖 3.8.3　t 分布與高斯分布

　　圖 3.8.4 是在「概要」的瑞士捲套用 t-SNE 後，資料點 y_i 更新的狀況。可以看出資料點隨著更新次數增加而產生的變化。

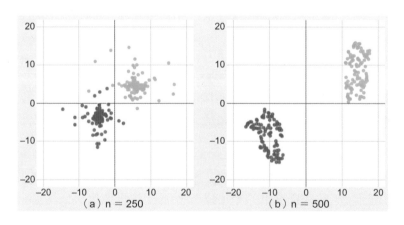

▲ 圖 3.8.4　資料點更新的過程。更新次數分別為 **250** 次（**a**）與 **500** 次（**b**）

　　如「概要」所述，t-SNE 基本上用於將資料降維至三維或二維。由於

t 分布屬於重尾分布（Heavy-Tailed Distribution），在高維度空間裡，其分布會被遠離中心點的部分主導，無法呈現局部性的資料。因此，若想使用 t-SNE 降維至四維以上的空間，可能有降維失敗的風險。

▐▶ 範例程式碼

以下為將 t-SNE 套用於數字辨識資料集的程式碼。降維後的維度設定為 2。

▼ 範例程式碼

```python
from sklearn.manifold import TSNE
from sklearn.datasets import load_digits


data = load_digits()
n_components = 2 # 降維後的維度設定為 2
model = TSNE(n_components=n_components)


print(model.fit_transform(data.data))
```

```
[[ 12.328249    64.76087   ]
 [-16.284025   -24.134592  ]
 [-14.58529     -0.6316269]
 ……略……
 [  -4.541453    -6.5503755]
 [ 26.231192    12.501517  ]
 [  -0.6332957   -1.1858237]]
```

◤ 詳細內容

▌ 與其他降維方式的比較

以下將比較 t-SNE 與其他降維方法的差異，以掌握其特徵。在此使用的資料為如圖 3.8.5 的手寫數字。

手寫數字資料是 8 × 8 畫素的圖像，每張圖像各有 0、1、2……9 當中的 1 個手寫數字。換句話說，也就是在 8×8（64）維的空間裡，包含著 10 種結構。

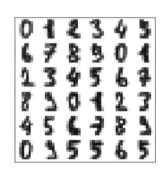

▲ 圖 3.8.5　**手寫數字資料**

分別使用 PCA、LLE 及 t-SNE 這 3 種方法，替前述手寫數字資料降維。

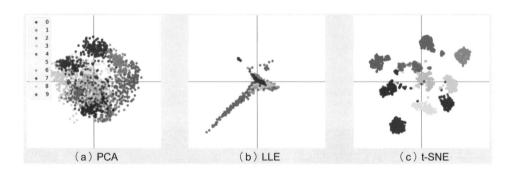

（a）PCA　　　　　　　　（b）LLE　　　　　　　　（c）t-SNE

▲ 圖 3.8.6　**PCA（a）、LLE（b）、t-SNE（c）的比較**

在圖 3.8.6（a）的 PCA 中，每個數值雖然都呈現某種程度的集中，但仍可看見不同數值摻雜於其中。

圖 3.8.6（b）的 LLE 雖然適用於非線性資料，但若不是瑞士捲這種具有集中性的資料，便無法確實掌握其結構。

在圖 3.8.6（c）的 t-SNE 中，二維空間裡每個數值的資料都很集中，可知 t-SNE 能順利分類結構。

參考文獻

Laurens van der Maaten, L. & Hinton, G. E., Visualizing data using t-SNE. J. Mach. Learn. Research 9, 2579-2605 (2008).

scikit-learn. 2.2. Manifold learning, Retrieved February 7, 2019, from https://scikit-learn.org/stable/modules/manifold.html

scikit-learn. sklearn.manifold.TSNE, Retrieved February 7, 2019, from https://scikit-learn.org/stable/modules/generated/sklearn.manifold.TSNE.html

第 4 章

評估方法及各種資料的運用

我們已經學習了各種演算法，接下來就要學習如何實作。在本章裡，我們將學習如何評估監督式學習，以及如何提升機器學習的效能，並掌握監督式學習的難處——過度擬合，同時探討該如何解決問題。後半部則會介紹文字資料與圖像資料的處理方法。

4.1 評估方法

 監督式學習的評估

　　如同第 1 章第 2 節「機器學習的主要步驟」所述，監督式學習有許多用於評估模型的指標；而在第 2 章、第 3 章，也介紹了各種機器學習的方法。你是否已經了解各演算法的特色、差異，以及如何根據資料集選擇適合的演算法呢？本節將介紹監督式學習中常見的評估方法，以及提升機器學習效能的技巧，並探討在提升效能時可能遇到的瓶頸。

　　在評估監督式學習時，必須根據問題類型屬於分類問題或迴歸問題，選擇不同的評估指標（表 4.1.1）。

　　讓我們掌握各種指標的意義，並學習如何針對問題選擇適切的指標。

分類問題	迴歸問題
混淆矩陣（Confusion Matrix）	均方誤差（Mean Square Error）
正確率（Accuracy）	決定係數（Coefficient of Determination）
精確率（Precision）	
召回率（Recall）	
F1 值（F1-Score）	
AUC（Area Under the Curve，曲線下面積）	

▲ 表 4.1.1　本章介紹的指標

　　學會監督式學習的評估方法後，接下來將介紹如何防止過度擬合，以及如何選擇超參數。過度擬合是在使用機器學習時無可避免的問題，倘若訓練資料過度擬合，那麼即使選擇了適切的評估指標，也無法建立良好的

模型。預防過度擬合的方法有許多種，本章主要介紹交叉驗證。

 分類問題的評估方法

本節將介紹分類問題的評估方法。

範例程式碼使用第 1 章第 2 節所使用的美國威斯康辛州乳癌相關資料集，以羅吉斯迴歸模型進行機器學習。

資料集的詳細內容，請見第 1 章第 2 節「機器學習的主要步驟」。

此外，為了將惡性視為 1（Positive，正樣本）、良性視為 0（Negative，負樣本），本範例將目標變數（類別標籤）0 與 1 互換。在 scikit-learn 中，標籤大多不具意義，這份資料裡也將惡性設為 0；然而在實際診察時，一般會以「發現惡性」為目的，因此本範例透過將惡性轉換為正樣本，使問題設定更貼近自然的真實情況。

▼範例程式碼

```
from sklearn.datasets import load_breast_cancer
data = load_breast_cancer()
X = data.data
y = 1 - data.target
# 將標籤 0 與 1 互換


X = X[:, :10]
from sklearn.linear_model import LogisticRegression
model_lor = LogisticRegression()
model_lor.fit(X, y)
y_pred = model_lor.predict(X)
```

▶ 混淆矩陣

用於分類問題的評估指標，首先要介紹的是**混淆矩陣**。混淆矩陣可將分類結果以表格形式呈現，便於確認標籤分類是否正確，並確切掌握分類有誤的標籤。利用 scikit-learn 的 confusion_matrix 函數，便能建立混淆矩陣。

▼ 範例程式碼

```
from sklearn.metrics import confusion_matrix
cm = confusion_matrix(y, y_pred)
print(cm)
```

```
[[341  16]
 [ 36 176]]
```

將範例的二元分類結果輸出為混淆矩陣，便可得到一個 2 列 × 2 行的矩陣。如表 4.1.2 所示，這是一個實際資料（正確答案）與預測結果所構成的矩陣。

		預測結果	
		0	1
實際資料	0	TN	FP
	1	FN	TP

▲ 表 4.1.2　混淆矩陣

- 左上的 **TN（True Negative）**，表示將實際為負樣本的資料正確地預測為負樣本（正確判定良性）

- 右上的 FP（False Positive），表示將實際為負樣本的資料錯誤地預測為正樣本（將良性判定為惡性）

- 左下的 FN（False Negative），表示將實際為正樣本的資料錯誤地預測為負樣本（將惡性判定為良性）

- 右下的 TP（True Positive），表示將實際為正樣本的資料正確地預測為正樣本（正確判定惡性）

由輸出結果可知，TN 有 341 筆，TP 有 176 筆，FP 有 16 筆，FN 有 36 筆。表示預測結果正確的 TN 與 TP 值雖然較高，但 FN 有 36 筆，表示漏掉了 36 名惡性的患者，而 FP 有 16 筆，顯示有 16 名良性的患者被誤判為惡性。

關於這一點，可以透過後面即將介紹的召回率來確認。另外，若想避免漏掉惡性，則可參考下面介紹的預測機率來進行調整。

混淆矩陣由 4 種數值構成，作為評估指標，有時可能較難解讀。因此，我們可以利用混淆矩陣的元素計算出其他數值，將其當作評估指標。常用的指標如下。

- 正確率（Accuracy）：$\dfrac{TP + TN}{TP + TN + FP + FN}$
- 精確率（Precision）：$\dfrac{TP}{TP + FP}$
- 召回率（Recall）：$\dfrac{TP}{TP + FN}$
- F1 值（F1-Score）：2×（精確率 × 召回率）/（精確率＋召回率）

隨著目的不同，應選擇使用不同的指標。為了學會如何根據問題正確判斷適合的指標，首先必須理解每一種指標的意義。接下來將詳細介紹各種指標。

▶ 正確率

正確率是在所有預測結果中，正確結果所占的比例。在計算正確率時，一般會使用 accuracy_score 函數。

▼ 範例程式碼

```
from sklearn.metrics import accuracy_score
accuracy_score(y, y_pred)
```

```
0.9086115992970123
```

輸出的結果，就是根據正確答案目標變數 y 及已訓練模型所預測之 y_pred，所計算出的正確率。

由上可知，正確率超過 90%，表示模型已正確學習。

▶ 精確率

精確率是在所有被預測為正樣本的結果中，正確預測為正樣本之結果所占的比例。在計算正確率時，一般會使用 precision_score 函數。

▼ 範例程式碼

```
from sklearn.metrics import precision_score
precision_score(y, y_pred)
```

```
0.9166666666666666
```

　　如同計算正確率時一般，這裡同樣透過 y 與 y_pred 來計算精確率。以範例而言，精確率顯示的是在預測為惡性的資料中，實際狀況確實為惡性的比例。假如精確率偏低，代表被預測為惡性的患者中，有許多人事實上是良性的。在這種狀況下，可以實施複檢，以彌補精確率過低的問題。

▶ 召回率

　　召回率是在實際為正樣本的結果中，正確預測為正樣本之結果所占的比例。在計算召回率時，一般會使用 recall_score 函數。

▼範例程式碼

```
from sklearn.metrics import recall_score
recall_score(y, y_pred)
```

```
0.8301886792452831
```

　　如同計算正確率時一般，這裡同樣透過 y 與 y_pred 來計算召回率。以範例而言，召回率顯示的是在實際為惡性的患者當中，正確預測為惡性的比例。召回率偏低，代表將許多實際為惡性的患者誤判為良性。相較於精確率，召回率偏低的問題可謂更嚴重。

　　在把此模型套用至實際的問題之前，必須花點工夫提高召回率；提升召回率的技巧將在預測機率一節詳細說明。

▶ F1 值

　　F1 值是反映精確率與召回率兩者傾向的指標。在計算 F1 值時，一般會使用 f1_score 函數。

▼ 範例程式碼

```
from sklearn.metrics import f1_score
f1_score(y, y_pred)
```

0.8712871287128713

　　精確率和召回率呈 trade-off 關係，也就是一方升高，另一方就會降低。若兩個指標同等重要，便可參考 F1 值。

▶ 預測機率

　　至此已介紹各種使用 predict 來預測標籤的方法，接下來將介紹預測機率。在二元分類問題中進行預測時，必須將結果預測為 0 或 1 這兩種值之一。幾乎所有的模型，都能用機率來表示樣本實際被歸類為哪一個標籤，也就是可以分別求出樣本被歸類為 0 或 1 的機率。

　　我們可以利用已訓練模型的 predict_proba 來計算預測機率。

▼ 範例程式碼

```
model_lor.predict_proba(X)
```

```
array([[4.41813058e-03, 9.95581869e-01],
       [4.87318118e-04, 9.99512682e-01],
       [3.31064277e-04, 9.99668936e-01],
       ...,
       [2.62819353e-02, 9.73718065e-01],
       [5.09374706e-06, 9.99994906e-01],
       [9.74068776e-01, 2.59312242e-02]]])
```

透過此輸出內容，可掌握在特徵 X 內的每個樣本被預測為 0 與被預測為 1 的機率。以第 1 列為例，被歸類為 0 的機率約為 0.44％，故預測結果為惡性（1）。相反地，最後一個樣本被歸類為 0 的機率約為 97.4％，故預測結果為良性（0）。

另外，前述為將 scikit-learn 的 predict 成員函式閾值設定為 0.5 所得的判定結果。

為了極力避免漏篩惡性，接下來要考慮預測機率的第 2 個要素，也就是惡性（1）的機率超過 10％（0.1）的狀況。

▼ 範例程式碼

```
import numpy as np
y_pred2 = (model_lor.predict_proba(X)[:, 1]>0.1).astype(np.int)
print(confusion_matrix(y, y_pred2))
```

```
[[259  98]
 [  2 210]]
```

輸出混淆矩陣後，已如預期降低左下的 FN（實際應為 1，卻被錯誤預測為 0 的樣本）值。

接著確認其他指標。

▼ 範例程式碼

```
print(accuracy_score(y, y_pred2))
print(recall_score(y, y_pred2))
```

0.8242530755711776

0.9905660377358491

由上可知，正確率雖然降至 0.82，但結果為惡性（1）時的召回率則高達 0.99。

▮ ROC 曲線・AUC

前面已經說明了正確率與 F1 值等指標的意義，然而當正樣本數與負樣本數相差懸殊時，這些指標便無法順利發揮功能。

例如，假設有一個模型總是預測輸出結果為正樣本，由於不管輸入什麼樣的資料，此模型都只會預測正樣本，故可想而知正確率非常低。然而，假如輸入的是「正樣本資料數為 95 筆，負樣本資料數為 5 筆」這種數量相差懸殊的資料，正確率便高達 95%。

前述的模型雖然是一個極端的例子，但在實際處理問題時，即使模型尚未學習完成，卻因為資料本身分布不均而出現高正確率的情況，其實並不罕見。

遇到分布不均的資料時，可以使用 AUC 來作為指標。

AUC 是 ROC（Receiver Operating Characteristic，接收者操作特徵）曲線下方的面積。表示 ROC 曲線（圖 4.1.1）的圖中，以稱為偽陽性率（False Positive Rate）的 FP 比例為橫軸，以稱為真陽性率（True Positive Rate）的 TP 比例為縱軸。圖中顯示將閾值（由此開始視為陽性的預測機率值）從 1 開始慢慢降低時，FP 與 TP 關係的變化。

將 ROC 曲線視覺化時所需的偽陽性率、真陽性率，可利用 roc_curve 函數來計算。

▼範例程式碼

```python
from sklearn.metrics import roc_curve
probas = model_lor.predict_proba(X)
fpr, tpr, thresholds = roc_curve(y, probas[:, 1])
```

計算 roc_curve 函數的時候，必須提供目標變數（分組標籤資料）與預測機率；預測機率可利用 predict_proba 計算。接下來，用 Matplotlib 將 roc_curve 函數輸出的 fpr、tpr 加以視覺化。

▼範例程式碼

```python
%matplotlib inline
import matplotlib.pyplot as plt
plt.style.use('fivethirtyeight')

fig, ax = plt.subplots()
fig.set_size_inches(4.8, 5)

ax.step(fpr, tpr, 'gray')
ax.fill_between(fpr, tpr, 0, color='skyblue', alpha=0.8)
ax.set_xlabel('False Positive Rate')
ax.set_ylabel('True Positive Rate')
ax.set_facecolor('xkcd:white')
plt.show()
```

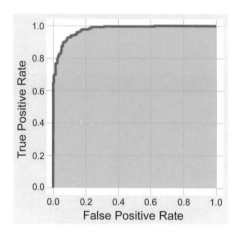

▲ 圖 4.1.1　ROC 曲線

　　ROC 曲線下方的面積就是 AUC。面積最大為 1，最小為 0。AUC 的值愈趨近 1（面積愈大），表示愈精準；若落在 0.5 左右，則表示預測狀況不理想。換言之，假如算出的值為 0.5 左右，代表這個分類模型和擲硬幣來判斷良性或惡性沒有什麼差別。

　　求 AUC 時，一般會使用 roc_auc_score 函數。

▼ 範例程式碼

```
from sklearn.metrics import roc_auc_score
roc_auc_score(y, probas[:, 1])
```

```
0.9767322023148881
```

　　AUC 約 0.977，相當接近 1，故可知這是一個精準度很高的分類模型。

　　由於乳癌的資料沒有什麼偏差，因此利用正確率來評估模型的效能也

不會有太大的問題。不過，假如想預測的是「看見網站廣告的人當中，有多少人會購買商品」這種問題，正樣本和負樣本可能相差懸殊，因此經常出現正確率高達 0.99，AUC 卻只有 0.6 的狀況。在處理分布不均的資料時，請使用 AUC 作為指標。

迴歸問題的評估方法

繼分類問題後，以下將說明迴歸問題的評估方法。迴歸問題的目的是預測大小關係具有意義的數值，故採用的評估方法與分類問題不同。

範例中使用是美國波士頓房價的資料，資料中包含 13 個解釋變數，目標變數介於 5.0 ～ 50.0。由於資料單純，以下將透過簡單線性迴歸進行說明，同時只使用 13 個解釋變數中的「住宅之平均房間數（欄名為 RM）」一項。

▼範例程式碼

```
from sklearn.datasets import load_boston
data = load_boston()
X = data.data[:, [5,]]
y = data.target
```

從資料集的解釋變數中挑出平均房間數這一行，將其設為 X，並在目標變數代入 y。解釋變數 X 是由 1 行的資料所構成，因此依照慣例使用大寫的 X。目標變數 y 是數值資料。X 與 y 皆為 506 列 × 1 行的資料。

▼範例程式碼

```
from sklearn.linear_model import LinearRegression
model_lir = LinearRegression()
model_lir.fit(X, y)
y_pred = model_lir.predict(X)
```

匯入 LinearRegression，將 model_lir 初始化，利用 fit 成員函式進行學習。接著，使用已訓練模型 model_lir 的 predict 成員函式進行預測，將預測結果代入變數 y_pred。

本範例使用的 LinearRegression，是一種線性迴歸演算法。另外，由於解釋變數為 1 行的資料，故模型可用一次方程式 y = ax + b 表示。接著確認斜率 a 及截距 b。

▼範例程式碼

```
print(model_lir.coef_)
print(model_lir.intercept_)
```

```
array（[9.10210898]）
```

```
-34.67062077643857
```

斜率 a 約為 9.10，截距 b 約為 -34.67，換言之，這個已訓練模型，可以用直線 y = 9.10x － 34.67 來表示。當房間數為 5，方程式為 9.10 × 5 － 34.67，故可預測房價為 10.83。在這個線性迴歸中，模型參數 a 和 b 會隨著訓練資料的增減而有所變化。

接下來，將預測結果以圖表呈現，確認已訓練模型之預測結果為何。範例是透過 1 個解釋變數（平均房間數）來預測目標變數（房價），因此以平均房屋數為橫軸，房價為縱軸來製圖。

利用 Matplotlib 來確認資料。

▼範例程式碼

```
%matplotlib inline
import matplotlib.pyplot as plt
fig, ax = plt.subplots()
ax.scatter(X, y, color='pink', marker='s', label='data set')
ax.plot(X, y_pred, color='blue', label='regression curve')
ax.legend()
plt.show()
```

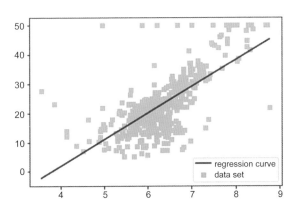

▲ 圖 4.1.2　各平均房屋數的房價

資料集以粉紅色的點（圖 4.1.2）表示，由圖可知整體呈現增加的趨勢，

且看似含有離群值（縱軸為 50 處，位於上方的資料）。預測結果以藍線表示，線條大致沿著資料分布延伸。這就是以一次函數呈現「房間數增加，價格也會隨之提高」的預測結果。透過視覺化，我們便能掌握大概的學習結果。接下來將利用均方誤差與決定係數這 2 個指標來量化學習結果。

▶ 均方誤差

均方誤差是顯示實際值與預測值之間有多少差距的數值（請參考第 2 章的圖鑑編號 01）。以下將舉例說明，首先請看圖 4.1.3。

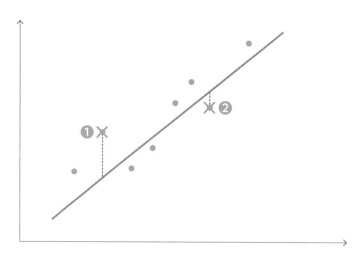

▲ 圖 4.1.3　均方誤差的概念圖

圖中有一條表示預測值的直線，以及以「×」表示的①和②兩個點。在兩個點和與其相對的預測值之間，各有一條輔助線，此輔助線的長度就是誤差。

在範例中可以看出，比起②，①距離預測值較遠；也就是②距離預測值較近、誤差較小。計算每個待評估資料的誤差的平方，再加以平均，就是**均方誤差**。均方誤差愈小，就表示預測值愈正確。在 scikit-learn 中，我

們可以使用 mean_squared_error 函數來計算均方誤差。

▼ 範例程式碼

```
from sklearn.metrics import mean_squared_error
mean_squared_error(y, y_pred)
```

43.60055177116956

由上可知均方誤差約為 43.6。

▶ 決定係數

決定係數是一個名為 R^2 的係數，可利用均方誤差來確認已訓練模型所做的預測是否準確。

決定係數的最大值為 1.0，表示沒有誤差。一般而言會落在 0.0 ～ 1.0，但假如預測值實在太過離譜，也可能會出現負值。我們可以說，決定係數愈接近 1.0，就表示模型對資料的解釋愈正確。一般會使用 r2_score 來計算決定係數。

▼ 範例程式碼

```
from sklearn.metrics import r2_score
r2_score(y, y_pred)
```

0.48352545599133423

由上可知決定係數約為 0.484。

均方誤差與決定係數的差異

以上使用 2 種指標介紹了迴歸問題的評估方法。在使用均方誤差時，有時無法單憑數值來判斷一個模型精準與否；因為假如目標變數過於分散，均方誤差的數值也會跟著變大。

另一方面，由於決定係數可以透過 0.0 ～ 1.0 之間的數值來表示，不受目標變數的分散狀況所影響，因此在目標變數的落差較大時，一般習慣使用決定係數作為指標。

 ## 使用不同演算法時的差異

前面已利用 LinearRegression 介紹了均方誤差與決定係數，以下將使用其他演算法舉例。我們利用 SVR（Support Vector Regression）進行迴歸，再比較其結果。SVR 是將第 2 章介紹的支持向量機（Kernel 法）應用於迴歸的演算法。

▼範例程式碼

```python
from sklearn.svm import SVR
model_svr_linear = SVR(C=0.01, kernel='linear')
model_svr_linear.fit(X, y)
y_svr_pred = model_svr_linear.predict(X)
```

匯入 SVR，完成學習以及預測。接下來，藉由圖表來確認 SVR 還有 LinearRegression 的結果。

▼範例程式碼

```
%matplotlib inline
import matplotlib.pyplot as plt
fig, ax = plt.subplots()
ax.scatter(X, y, color='pink', marker='s', label='data set')
ax.plot(X, y_pred, color='blue', label='regression curve')
ax.plot(X, y_svr_pred, color='red', label='SVR')
ax.legend()
plt.show()
```

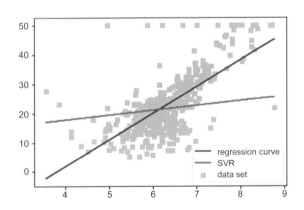

▲ 圖 4.1.4　各平均房間數的房價與迴歸直線

　　藍線表示 LinearRegression，紅線表示 SVR（圖 4.1.4）。由圖可知，
SVR 似乎沒有貼合資料的分布。接著確認均方誤差與決定係數的值。

▼範例程式碼

```
print(mean_squared_error(y, y_svr_pred)) #均方誤差
print(r2_score(y, y_svr_pred)) #決定係數
```

```
print(model_svr_linear.coef_) # 斜率
print(model_svr_linear.intercept_) # 截距
```

```
72.14197118147209
0.14543531775956597
[[1.64398]]
11.13520958
```

　　前述結果依序為均方誤差、決定係數、斜率和截距。與 LinearRegression 比較，均方誤差由 43.6 增加為 72.1，決定係數則是由 0.484 減少為 0.145，兩者皆變得不理想。由此可知，LinearRegression 在各指標的值都呈現較佳的結果。

　　透過計算均方誤差與決定係數，我們得以將模型的評估結果加以量化。以範例的結果而言，SVR 似乎並不是一種適合的演算法。不過，我們可以藉由變更 SVR 的 C 及 kernel 這 2 個參數，來改善均方誤差與決定係數的值。

 超參數的設定

　　將 SVR 初始化時的參數更改為 C = 1.0、kernel = 'rbf'。

▽範例程式碼

```
model_svr_rbf = SVR(C=1.0, kernel='rbf')
model_svr_rbf.fit(X, y)
y_svr_pred = model_svr_rbf.predict(X)
print(mean_squared_error(y, y_svr_pred)) # 均方誤差
print(r2_score(y, y_svr_pred)) # 決定係數
```

```
36.42126375260171
0.5685684051071418
```

　　由上可知，均方誤差與決定係數的值已順利改善。C 和 kernel 是 SVR 的超參數。如 model_svr_rbf.coef_ 或 model_svr_rbf.intercept_ 等模型參數，會隨著機器學習的演算法而不斷更新，相對地，超參數則必須由使用者在模型開始學習之前設定。因此，倘若超參數的設定不佳，模型的效能便可能低落。

▶ 模型的過度擬合

　　接下來介紹模型的過度擬合。

　　首先將下列資料集分割為訓練資料與確認效能用的測試資料，再使用 SVR 進行學習及預測。

▼範例程式碼
```
train_X, test_X = X[:400], X[400:]
train_y, test_y = y[:400], y[400:]
model_svr_rbf_1 = SVR(C=1.0, kernel='rbf')
model_svr_rbf_1.fit(train_X, train_y)
test_y_pred = model_svr_rbf_1.predict(test_X)
print(mean_squared_error(test_y, test_y_pred)) # 均方誤差
print(r2_score(test_y, test_y_pred)) # 決定係數
```

69.16928620453004
-1.4478345530124388

　　儘管使用相同的超參數，相較之下，在測試資料上發揮的效能遠遠不及用於訓練資料時的效能。像這種「可以順利預測訓練資料，卻無法預測測試資料，也就是沒有用於學習的資料」的狀況，就是所謂的**過度擬合**。

　　在監督式學習中，如何防止過度擬合是一個重要的課題。如果只是單純確認前章介紹的各種指標，並無法判斷模型的好壞；實際運用在解決問題時，能否準確預測未知資料才是重點所在。這種在未知資料上發揮的效能，稱為一般化能力。

　　倘若出現過度擬合的狀況，即使訓練資料的**均方誤差**很小，一般化能力也會降低。

　　過度擬合與超參數的設定，是分類問題與迴歸問題的共通課題。接下來將說明如何處理這些課題。

◢ 防止過度擬合的方法

　　在監督式學習中，使用者會先提供特徵與目標變數作為訓練資料。前面已經說明，我們可以針對此訓練資料進行效能評估。

　　另一方面，實際運用監督式學習時，除了用於訓練資料上的效能，用於不包含在訓練資料中的資料，也就是未知資料的效能，也極為重要。例如在使用乳癌資料集的問題中，「患者的身體檢查資料」（特徵）和「惡性／良性」（目標變數）就是訓練資料。

　　在實際應用時，最重要的就是必須能夠根據患者的身體檢查資料，針

對不知道屬於「惡性／良性」的患者，預測其「惡性／良性」。假如無法預測未知資料，那麼即使能精確地針對訓練資料做出預測，這個模型也稱不上理想。預防過度擬合的方法有很多，接下來將介紹幾種較具代表性的方式。

 訓練資料與測試資料的切分

在防止過度擬合的方法中，最具代表性的，就是將資料切分為訓練資料與測試資料。也就是說，在進行學習時，先將一部分資料切分出來作為測試用，而非把所有資料都用於學習。

使用 scikit-learn 的 train_test_split 函數，便能輕鬆進行資料切分。

▼ 範例程式碼

```
from sklearn.datasets import load_breast_cancer
data = load_breast_cancer()
X = data.data
y = data.target

from sklearn.model_selection import train_test_split
X_train, X_test, y_train, y_test = train_test_split(X, y, test_size=0.3)
```

- 訓練用特徵：**X_train**

- 測試用特徵：**X_test**

- 訓練用目標變數：**y_train**

- 測試用目標變數：**y_test**

　　將資料切分為訓練資料和測試資料，其中 70％作為訓練用，30％作為測試用。切分的比例該如何設定，並沒有明確的規則；假如資料龐大，訓練資料充足，亦可設定為 6 比 4。相反地，假如資料較少，無法充分學習，則可設定為 8 比 2。

　　另外，每次執行時，train_test_split 的結果都會不同，若想固定結果，可以指定 random_state。

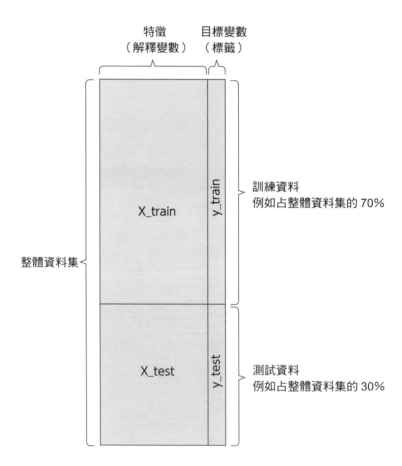

▲ 圖 4.1.5　切分資料，留下 30％作為測試資料的範例

使用訓練資料與測試資料，讓演算法進行學習，建立模型。

▼範例程式碼

```
from sklearn.svm import SVC
model_svc = SVC()
model_svc.fit(X_train, y_train)
y_train_pred = model_svc.predict(X_train)
y_test_pred = model_svc.predict(X_test)
from sklearn.metrics import accuracy_score
print(accuracy_score(y_train, y_train_pred))
print(accuracy_score(y_test, y_test_pred))
```

```
1.0
0.6023391812865497
```

　　與訓練資料的正確率相比，測試資料的正確率大幅下降，由此可知模型已過度擬合。對於未知資料的正確率約為 60％。接著使用另一種模型 RandomForestClassifier 試試看。

▼範例程式碼

```
from sklearn.ensemble import RandomForestClassifier
model_rfc = RandomForestClassifier()
model_rfc.fit(X_train, y_train)
y_train_pred = model_rfc.predict(X_train)
y_test_pred = model_rfc.predict(X_test)
from sklearn.metrics import accuracy_score
```

```
print(accuracy_score(y_train, y_train_pred))
print(accuracy_score(y_test, y_test_pred))
```

```
0.9974874371859297
```

```
0.9590643274853801
```

在這個模型中，測試資料的正確率儘管比訓練資料低，但仍高達 96％。由於測試資料的正確率也很高，因此我們可以說這個模型成功防止了過度擬合。

根據前述結果，可知應該採用 RandomForestClassifier 為佳。在選擇模型時，假如只看訓練資料的正確率，而沒有進行資料切分，很可能會選擇 SVC（Support Vector Classification）。掌握測試資料的正確率，可幫助我們避免選擇過度擬合的模型。

 ## 交叉驗證

將資料集切分為訓練資料與測試資料，並進行評估後，仍可能出現過度擬合的現象；這種現象通常發生在訓練資料和測試資料的特性湊巧吻合的時候。相反地，兩者的特性當然也可能互斥。為了避免前述切分時產生的誤差，我們可以採用多種不同的切分模式，來反覆進行驗證，而這就是所謂的交叉驗證（Cross Validation）。

下面將以「把資料切分為 80％訓練用、20％測試用，一共切分 5 次」的狀況為例，進行說明。

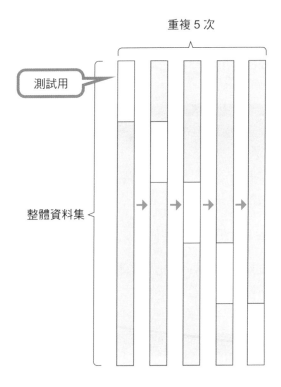

▲ 圖 4.1.6　交叉驗證

　　如圖 4.1.6 所示，一共進行了 5 次取得 20％測試資料的切分。另外，圖中雖是依序切分出完整的 20％資料，但實際上是以隨機選擇的 20％作為測試資料使用。

　　「將資料切分為 5 等分，保留其中 20％的資料，用其他部分進行學習與驗證」的程序，可輕鬆反覆進行 5 次。

▼範例程式碼

```
from sklearn.model_selection import cross_val_score
from sklearn.model_selection import KFold
```

```
cv = KFold(5, shuffle=True)
model_rfc_1 = RandomForestClassifier()
cross_val_score(model_rfc_1, X, y, cv=cv, scoring='accuracy')
```

```
array（[0.99122807, 0.92982456, 0.94736842, 0.96491228, 0.92920354]）
```

範例中，一共輸出了 5 次正確率，有高有低，選擇模型時應該要參考各正確率的平均和標準差。

此外，亦可藉由 F1 值來輸出評估結果。

如下所述，只要將 cross_val_score 函數的 scoring 引數定義為 f1，便可輸出 F1 值。

▼ 範例程式碼

```
cross_val_score(model_rfc_1, X, y, cv=cv, scoring="f1")
```

```
array（[0.99280576, 0.93846154, 0.97902098, 0.97297297, 0.97435897]）
```

▲ 超參數的搜尋

前面已經說明，只要利用切分後的資料，便能選擇沒有過度擬合的模型；而若能謹慎挑選超參數，便可使模型的效能更加提升。如「超參數的設定」一節所述，反覆進行「設定超參數、確認效能」的步驟，便能找出更理想的超參數。不過，多個超參數的組合數量非常龐大，若逐一設定，將會耗費許多時間。

以下說明如何搜尋超參數。

▌利用格點搜尋選擇超參數

格點搜尋是一種可自動搜尋超參數的方法，原文為「Grid Search」，也就是搜尋所有可能的超參數值的組合。如圖 4.1.7 所示，可找出所有超參數的組合。使用前，必須先決定欲搜尋的超參數。

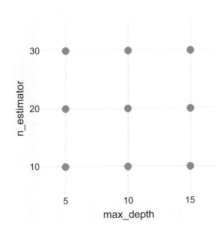

▲ 圖 4.1.7　格點搜尋示意圖

範例為利用 scikit_learn 的 GridSerchCV 搜尋 RandomForestClassifier 的超參數。在 GridSerchCV 中，可以一邊確認超參數用於測試資料上的效能，一邊進行搜尋。

首先讀取美國威斯康辛州的乳癌資料集，將類別標籤互換（惡性為正樣本），再套用格點搜尋在這個分類問題上。

▼ 範例程式碼

```
from sklearn.datasets import load_breast_cancer
data = load_breast_cancer()
X = data.data
y = 1 - data.target
# 將標籤 0 與 1 互換
X = X[:, :10]
```

執行格點搜尋。

▼ 範例程式碼

```
from sklearn.ensemble import RandomForestClassifier
from sklearn.model_selection import GridSearchCV
from sklearn.model_selection import KFold

cv = KFold(5, shuffle=True)
param_grid = {'max_depth': [5, 10, 15], 'n_estimators': [10, 20, 30]}
model_rfc_2 = RandomForestClassifier()
grid_search = GridSearchCV(model_rfc_2, param_grid, cv=cv,
            scoring='accuracy')
grid_search.fit(X, y)
```

範例中準備了 3 種 max_depth 值與 3 種 n_estimators 值，針對其所有組合，也就是 3 × 3 = 9 種組合進行評估。由結果可知，此模型的最佳效能與最佳效能的超參數值如下。

▼範例程式碼

```
print(grid_search.best_score_)
print(grid_search.best_params_)
```

0.9490333919156415

{ 'max_bepth' : 10, 'n_estimators' : 10}

　　和交叉驗證一樣，這裡也可以使用 F1 值來評估。只要將 GridSerchCV 的 scoring 引數指定為 f1，便能輕鬆更改評估方法。

▼範例程式碼

```
grid_search = GridSearchCV(model_rfc_2, param_grid, cv=cv, scoring='f1')
```

專欄　**防止過度擬合的方法**

　　前面介紹了如何藉由調整超參數等方式來避免過度擬合，而防止過度擬合的方法還有很多。

　　以下舉出一些主要方法的關鍵字，請讀者參考。

- 增加訓練資料

- 刪減特徵

- 正則化

- 提前停止學習

- 集成學習（Ensemble Learning）

4.2 文字資料的轉換處理

本書使用以表格形式呈現的數值資料，作為輸入機器學習模型的特徵。然而在自然語言處理領域中，則必須處理無法直接輸入的文字資料。

本節將說明 2 種將文字資料轉換為表格形式資料的方法：一種是透過詞彙計數進行轉換，另一種是透過 TF-IDF（Term Frequency-Inverse Document Frequency）進行轉換。將資料轉換為表格形式後，再套用各機器學習模型，比較其結果。

文件 1	0.3	1.3	0.9
文件 2	1.8	0.5	1.1
文件 3	1.2	0.7	0.2
……			

▲ 圖 4.2.1　文字資料的轉換

▶ 透過詞彙計數進行轉換

首先說明透過詞彙計數進行轉換的方法。詞彙計數就是計算各詞彙在文件中出現的次數，將文字資料轉換為表格形式資料的方法。

我們用以下的文字資料作為範例。

「This is my car」

「This is my friend」

「This is my English book」

表 4.2.1 是各詞彙出現在各文件的次數。縱向為文件，橫向為所有文件中的詞彙種類；沒有出現在文件裡的詞彙表示為 0。由此可知我們能將文字資料轉換為這種表格形式資料。

	This	is	my	car	friend	English	book
文件 1	1	1	1	1	0	0	0
文件 2	1	1	1	0	1	0	0
文件 3	1	1	1	0	0	1	1

▲ 表 4.2.1　文字資料的詞彙計數

詞彙計數可以表現出文件的特徵，同時可掌握在每一份文件裡都出現的共通詞彙，以及各文件特有的詞彙。例如「This」是出現在每一份文件裡的常見詞彙，但「car」卻只出現在文件 1，因此可推測它是在表達意義上相對重要的詞彙。

但是詞彙計數並不會考慮詞彙的重要性，而是將每個詞彙平等看待，單純計算次數。那麼，我們又該如何評估詞彙的重要性呢？下一節介紹的TF-IDF，就是將詞彙重要性列入考慮後再呈現的方法。

 ## 透過 TF-IDF 進行轉換

TF-IDF 是利用 TF（Term Frequency）與 IDF（Inverse Document Frequency）兩種指標來呈現文件中各詞彙重要性的方法。

TF 是各詞彙在文件內出現的頻率，IDF 是出現該詞彙的文件數量的倒數，出現在愈多文件中，數值愈小。換言之，像「This」這種經常出現在文件內的詞彙，IDF 就會比較小。將這兩個指標相乘，便是 TF-IDF。將 TF-IDF 套用在前述文件後的結果，如表 4.2.2 所示。

	This	is	my	car	friend	English	book
文件 1	0.41	0.41	0.41	0.70	0.00	0.00	0.00
文件 2	0.41	0.41	0.41	0.00	0.70	0.00	0.00
文件 3	0.34	0.34	0.34	0.00	0.00	0.57	0.57

▲ 表 4.2.2　以 **TF-IDF** 呈現之文字資料

由上表可知，像「This」或「my」等幾乎每份文件裡都會出現的詞彙，數值皆偏小；而「car」或「friend」等只出現在特定文件裡的詞彙，數值則較大。專業術語或專有名詞等只會出現在特定文章裡的詞彙，通常 TF-IDF 值都會比較大，因此可以表示出含有該詞彙的文件。

 ## 套用機器學習模型

接下來使用詞彙計數和 TF-IDF，將文字資料轉換成表格形式資料，並實際套用機器學習模型。在 scikit-learn 中，可用 CountVectorizer 來計算詞彙，用 TfidfVectorizer 進行 TF-IDF 的轉換。另外，文字資料可透過 fetch_20newsgroups 取得，使用的機器學習模型則是 LinearSVC。

▼ 範例程式碼

```
import numpy as np
from sklearn.feature_extraction.text import CountVectorizer、
TfidfVectorizer
from sklearn.svm import LinearSVC
from sklearn.datasets import fetch_20newsgroups

categories = ['alt.atheism', 'soc.religion.christian', 'comp.graphics',
'sci.med']
remove = ('headers', 'footers', 'quotes')
twenty_train = fetch_20newsgroups(subset='train',
                                  remove=remove,
                                  categories=categories) # 訓練資料
twenty_test = fetch_20newsgroups(subset='test',
                                 remove=remove,
                                 categories=categories) # 測試資料
```

　　範例中使用的 20newsgroups，是將 20 種主題的網路文章整理而成的資料集。這裡下載的資料，是變數 categories 所指定之 4 種主題的文章。

　　首先用詞彙計數轉換文字資料，讓 LinearSVC 學習並進行預測；此時用於測試資料的正確率為 0.742。由此可知，本範例已順利將文字資料轉換為表格形式，並執行監督式學習。

▼範例程式碼

```
count_vect = CountVectorizer() # 詞彙計數
X_train_counts = count_vect.fit_transform(twenty_train.data)
X_test_count = count_vect.transform(twenty_test.data)


model = LinearSVC()
model.fit(X_train_counts、twenty_train.target)
predicted = model.predict(X_test_count)
np.mean(predicted == twenty_test.target)
```

0.7423435419440746

接著使用 TF-IDF 進行轉換,同樣讓模型學習並預測。此時的正確率為 0.815,高於以詞彙計數進行之轉換,故可說 TF-IDF 比詞彙計數更能掌握文字資料的特徵。

▼範例程式碼

```
tf_vec = TfidfVectorizer() # tf-idf
X_train_tfidf = tf_vec.fit_transform(twenty_train.data)
X_test_tfidf = tf_vec.transform(twenty_test.data)


model = LinearSVC()
model.fit(X_train_tfidf, twenty_train.target)
predicted = model.predict(X_test_tfidf)
np.mean(predicted == twenty_test.target)
```

0.8149134487350199

4.3 圖像資料的轉換處理

　　本節將說明如何處理圖像資料，以作為機器學習的輸入資料。以下將以灰階圖像資料為例。灰階圖像是一種以只有明暗之分的畫素構成的圖像。讓我們一起思考：必須進行什麼樣的處理，才能將這種圖像資料作為輸入資料使用。

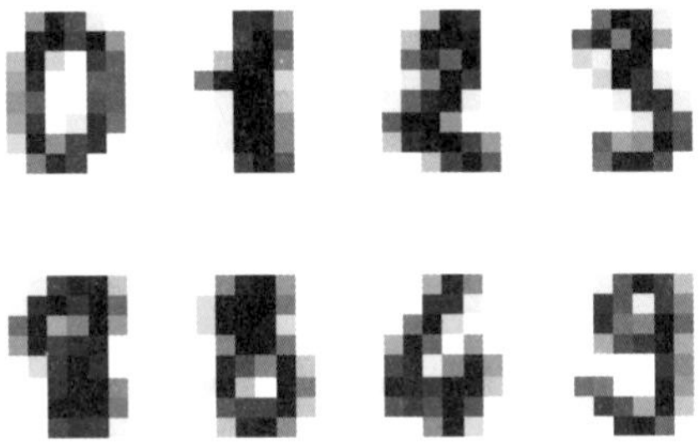

0	0	5	13	9	1	0	0
0	0	13	15	10	15	5	0
0	3	15	2	0	11	8	0
0	4	12	0	0	8	8	0
0	5	8	0	0	9	8	0
0	4	11	0	1	12	7	0
0	2	14	5	10	12	0	0
0	0	6	13	10	0	0	0

▲ 圖 4.3.1　圖像資料與表格形式的資料

▶ 將畫素資訊直接視為數值

　　將圖像資料作為輸入資料時，可直接將各畫素的資訊視為數值來使用。如表 4.3.1 所示，也就是將圖像資料轉換為向量資料。如果只是簡單的圖像辨識問題，即使只是這種簡單的轉換，也可以建構出足夠準確的模型。

圖像資料	向量資料
	[8, 0, 12,..., 19]
	[8, 0, 12,..., 19]
	[8, 0, 12,..., 19]

▲ 表 4.3.1　將圖像資料轉換為向量資料

　　經過前述轉換，便可建立輸入機器學習模型用的輸入資料。不過，這種方式是將具有二維關聯性的畫素資料拉平成一維的向量，故也可說是捨棄了一些重要的資訊。

　　事實上，也有在保留原有二維關聯性的狀況下處理輸入資料的模型，例如在圖像辨識領域中經常使用的深度學習，就會使用畫素間距離的資訊。

　　下面是將圖像資料轉換為向量資料時使用的範例程式碼。範例中使用 Python 的第三方套件 Pillow，將圖像（png）資料轉換成向量資料。

▼ 範例程式碼

```
from PIL import Image
import numpy as np

img = Image.open('mlzukan-img.png').convert('L')
width, height = img.size
img_pixels = []
for y in range(height):
```

```
    for x in range(width):
        # 用 getpixel 取得特定位置的畫素值
        img_pixels.append(img.getpixel((x,y)))

print(img_pixels)
```

```
[250,  255,  216, ...,  89]
```

 ## 輸入轉換後的向量資料，套用機器學習模型

前面已經說明將圖像資料轉換為向量資料的方法，接下來要利用轉換後的資料，實際建立機器學習模型。使用灰階的手寫數字圖像資料，建立一個可預測 0 ～ 9 這 10 種數值的模型。

透過 scikit-learn 的 datasets 模組取得已轉換為向量的資料，並以此作為輸入資料。

根據預測結果，可知使用向量資料的模型具有很高的正確率。

▼範例程式碼

```
from sklearn import datasets
from sklearn import metrics
from sklearn.ensemble import RandomForestClassifier

digits = datasets.load_digits()

n_samples = len(digits.images)
data = digits.images.reshape((n_samples, -1))
```

```
model = RandomForestClassifier()

model.fit(data[:n_samples // 2], digits.target[:n_samples // 2])

expected = digits.target[n_samples // 2:]
predicted = model.predict(data[n_samples // 2:])

print(metrics.model_report(expected, predicted))
```

	precision	recall	f1-score	support
0	0.94	0.99	0.96	88
1	0.90	0.89	0.90	91
2	0.95	0.88	0.92	86
3	0.80	0.88	0.84	91
4	0.95	0.87	0.91	92
5	0.81	0.82	0.82	91
6	0.98	0.98	0.98	91
7	0.95	0.97	0.96	89
8	0.88	0.73	0.80	88
9	0.76	0.86	0.81	92

avg / total 0.89 0.89 0.89 899

第 5 章

環境設置

本章將說明如何設置使用 Python 進行機器學習的環境。首先解說如何在不同作業系統下設定 Python，接著建立虛擬環境，再安裝套件。

5.1 安裝 Python3

　　Python 有兩個主要版本,彼此不相容。以往較普遍使用的 Python 版本,是一般稱為 2.x 的 Python 2,但 2.x 已在 2020 年 1 月停止更新。此外,2.x 預設不支援中文程式碼,這個缺點也在 3.x 中解決。

　　因此,本書採用在進行機器學習時幾乎不會出現問題的 Python 3。然而,有時使用者的作業系統預設程式可能為 2.x,一些較早期的資料也可能僅適用於 2.x,請留意。

　　接下來將使用在撰稿當下(2019 年 3 月)最新版的 3.x,也就是 Python 3.7.2[*]為例,依序說明在 Windows、macOS、Linux 等作業系統下的安裝方式。前半部會說明 PSF(Python Software Foundation)官方釋出的標準安裝方法,後半部則會說明如何透過第三方安裝程式 Anaconda,在 Windows 進行安裝。

 Windows

　　使用官方安裝程式在 Windows 10 安裝 Python 3.7。

　　下載頁面如下:

　　Python 官方網站(Windows)

　　https://www.python.org/downloads/windows/

---

* 　截至 2020 年 10 月 5 日,最近版本為 3.9.0。

在前述頁面的最新 Python 版本中，點選 Windows x86-64 web-based installer，下載 exe 檔。

執行下載完畢的檔案，打開安裝程式對話框。勾選對話框中的 Add Python 3.7 to Path 項目，再點選 Install now，開始安裝 Python 3.7。

在命令提示字元（Command Prompt）或 Power Shell 執行指令 py，若出現 >>>，並進入 Python 的互動模式（Interactive Mode），則表示已順利完成安裝。欲結束互動模式時，可輸入 quit()，或同時按下 [Ctrl] + [z] + [Enter] 鍵，便能回到作業系統的指令輸入視窗。

macOS

macOS 已經內建 Python 2.7（近期可能會改為 Python 3.x）。這是因為 macOS 的工具使用了 Python 語法的關係。以下將安裝 Python 3.7，使其與作業系統內建的 Python 2.7 並存。使用官方安裝程式，將 Python 3.7 安裝於 macOS 10.9 以上之版本。

下載頁面如下：

Python 官方網站（macOS）

https://www.python.org/downloads/mac-osx/

在前述頁面的最新 Python 版本中，點選 macOS 64-bit installer，下載 pkg 檔。執行下載完畢的檔案，打開安裝程式對話框，依照指示完成 Python 3.7 的安裝程序。

輸入下列指令，允許其使用 macOS 的 SSL 憑證。

零基礎入門的機器學習圖鑑

```
$ /Applications/Pathon\ 3.7/Install\ Certificates.command
```

在 Terminal（終端機）執行指令 Python3，若出現 >>>，並進入 Python 的互動模式，則表示已順利完成安裝。欲結束互動模式時，可輸入 quit()，或同時按下 [Ctrl] + [d] 鍵，便能回到作業系統的指令輸入視窗。

Linux

大部分 Linux 作業系統都已經內建 Python，有些 Linux Distribution 甚至內建 Python 3.x。以下將安裝 Python 3.7，使其與作業系統內建的 Python 並存。

除了這裡說明的自原始碼編譯的方法，亦可使用 apt 等 Linux 套件管理系統安裝最新版的 Python。

下載頁面如下：

Python 官方網站（Source code）

https://www.python.org/downloads/source/

在前述頁面的最新 Python 版本中，點選 Gzipped source tarball，下載 tgz 檔。在建立 Python 之前，請先安裝以下函式庫。

OpenSSL 的 header（Ubuntu 套件名稱：libssl-dev）

sqlite 的 header（Ubuntu 套件名稱：libsqlite3-dev）

若是 Ubuntu 18.4 版本，則須事先執行下列指令。指令中也包含安裝機器學習所需的作業系統函式庫。

```
$ sudo apt install build-essential
$ sudo apt install libssl-dev libsqlite3-dev libbz2-dev
$ sudo apt install libffi-dev zlib1g-dev libreadline-gplv2-dev
$ sudo apt install libxml2-dev libxslt1-dev libjpeg62-dev
$ sudo apt install libblas-dev liblapack-dev gfortran libfreetype6-dev
```

解壓縮下載完的檔案後，由 Terminal 進入解壓縮的目錄。接著執行下列指令，安裝至 /opt/Python37。

```
$ sudo apt install build-essential
$ ./configure --prefix=/opt/python37
$ make
$ sudo make install
```

在 Terminal 執行指令 /opt/python37/bin/python3，若出現 >>>，並進入 Python 的互動模式，則表示已順利完成安裝。欲結束互動模式時，可輸入 quit()，或同時按下 [Ctrl] ＋ [d] 鍵，便能回到作業系統的指令輸入視窗。

 ## 使用 Anaconda 在 Windows 安裝

Anaconda 是一個多合一的第三方安裝程式，它解決了安裝套件時需要 compile 的缺點，在進行機器學習時非常方便。不過，由於其 conda cloud 幾乎沒有機器學習以外的函式庫，故與其他 Web APP 的相容性較差。此外，conda install 與 pip install 互為競爭對手，假如同時使用，可能會破壞使用

環境，請務必留意。安裝程式可由 Anaconda 官網下載。

Anaconda 官網

https://www.anaconda.com/download/#windows

　　點選頁面上的 Download，下載安裝程式。下載完畢後，依照對話框的指示進行安裝。安裝完成後，在開始選單選擇 Anaconda Prompt，便能開啟命令提示字元，執行 python 指令。若出現 >>>，並進入 Python 的互動模式，則表示已順利完成安裝。欲結束互動模式時，可輸入 quit()，或同時按下 [Ctrl] ＋ [z] ＋ [Enter] 鍵，便能回到作業系統的指令輸入視窗。

5.2 虛擬環境

在同一台電腦裡，可建置多個 Python 使用環境，亦可執行不同版本的 Python。以下將說明如何建置虛擬環境，以利管理多個函式庫。另外，透過設置虛擬環境，便能統一 Python 和 Jupyter Notebook 的啟動指令。

本文所謂的虛擬環境，並非 VirtuallBox 或 VMWare 等作業系統的虛擬環境，而是執行 Python 的虛擬環境。舉個簡單的例子，假設一名使用者以一台電腦同時開發 X 與 Y 兩個 Python 程式。X 和 Y 都使用函式庫 A，但使用者在 X 想使用 A 的 1.0 版，在 Y 卻想使用 A 的 1.1 版。這種時候，Python 的虛擬環境便能派上用場。此外，開發 X 和 Y 時所使用的 Python 版本也可能不同，這個問題同樣可以靠虛擬環境來解決。

▶ 使用官方安裝程式的使用者

Python 有一種名為 venv 的標準模組，若讀者是以官方安裝程式安裝 Python，則建議以 venv 建置虛擬環境。

▶ Windows

由命令提示字元或 Power Shell 進入欲建置虛擬環境的資料夾，執行下列指令，便能在名為 env 的資料夾中建置虛擬環境。

```
> Set-ExecutionPolicy RemoteSigned -Scope CurrentUser
> py -m venv env
```

執行下列指令以啟動虛擬環境。

```
> env\Scripts\Activate.ps1
(env) >
```

完成後，虛擬環境的資料夾名稱 env 將顯示於提示字元（>）之前。

macOS

由 Terminal 進入欲建置虛擬環境的資料夾，執行下列指令，便能在名為 env 的資料夾中建置虛擬環境。

```
$ python3 -m venv env
```

執行下列指令以啟動虛擬環境。

```
$ source env/bin/activate
(env) $
```

完成後，虛擬環境的資料夾名稱 env 將顯示於提示字元（$）之前。

Linux

由 Terminal 進入欲建置虛擬環境的資料夾，執行下列指令，便能在名為 env 的資料夾中建置虛擬環境。

```
$ /opt/python37/bin/python3 -m venv env
```

執行下列指令以啟動虛擬環境。

```
$ source env/bin/activate
（env）$
```

完成後，虛擬環境的資料夾名稱 env 將顯示於提示字元（$）之前。

如何啟動 Python 及退出虛擬環境

在虛擬環境啟動的狀態下，在命令提示字元輸入 python，便能啟動
Python。

```
（env）> python
```

欲退出虛擬環境時，可執行 deactivate 指令。

```
（env）> deactivate
>
```

此時命令提示字元會回到標準狀態，可知已退出虛擬環境。若不再使
用虛擬環境，可直接刪除 env 資料夾，連後續安裝的套件也一併刪除。

使用 Anaconda 安裝程式的使用者

　　使用 Anaconda 的使用者，當初已經一併安裝了機器學習用的各種函式庫。換言之，大多數的使用者應該無須為了建置虛擬環境而重新安裝函式庫。Anaconda 使用者若需要虛擬環境，可利用 conda create 指令來建置。詳情請參考 Anaconda 官方文件。

5.3　安裝套件

 何謂第三方套件

我們可以透過第三方套件，來擴充 Python 本身沒有內建的功能。PyPI（https://pypi.org）提供了許多套件供使用者下載。大部分的套件都是免費公開，有些套件已經很穩定，有些套件則是試用版；也有許多在進行機器學習或分析資料時經常使用的函式庫。本書使用的 scikit-learn 正是機器學習中最經典的第三方套件。

 安裝套件

安裝套件時，可使用 pip 指令。

Anaconda 已經附帶許多函式庫，因此無須另外安裝。有時亦可使用 conda 指令來取代 pip。

使用官方安裝程式的使用者

本書所使用的第三方套件如下：

Jupyter Notebook

numpy

SciPy

pandas

matplotlib

scikit-learn

若需自行安裝套件，可使用以下指令。

```
(env) $ pip install jupyter numpy scipy pandas matplotlib scikit-learn
```

▶ 使用 Anaconda 安裝程式的使用者

執行本書介紹的範例程式碼時，無須另外安裝套件。若需要其他套件，可使用 conda install 指令進行安裝。詳情請參考 Anaconda 官方文件。

附錄

 方程式說明

▌ 矩陣的運算

假設有矩陣 **A**、**B** 如下,以下將以範例說明如何計算矩陣的和與矩陣的積。

$$\mathbf{A} = \begin{pmatrix} a & b & cd \\ e & f \end{pmatrix}, \mathbf{B} = \begin{pmatrix} g & h & ij \\ k & l \end{pmatrix}$$

● **矩陣的和**

計算矩陣 **A**、**B** 的和。

$$\mathbf{A} + \mathbf{B} = \begin{pmatrix} a+g & b+h & c+i & d+i \\ e+k & f+l \end{pmatrix}$$

● **矩陣的積**

計算矩陣 **A**、**B**$^\mathrm{T}$ 的和。

B$^\mathrm{T}$ 為 **B** 的轉置。

$$\mathrm{A} * \mathrm{B}^\mathrm{T} = (ag+bh+ci \quad aj+bk+cl \quad dg+eh+fi \quad dj+ek+fl)$$

▶ 平均數、變異數、標準差

平均數是將資料點 **x** 的值加總後，除以資料數所得的結果，一般以希臘字母 μ 表示。

● 平均數

$$\mu_x = \frac{1}{n}\sum_{i=1}^{n} x_i$$

附錄圖 1.1 中，資料點 **x** 的平均數 μ_x 為 5.25，資料點 **y** 的平均數 μ_y 為 4.50。

變異數是將資料點 **x** 的平均數與各資料點之間差距的平方和加以平均後，所得的結果。另外，變異數的平方根稱為標準差。變異數以 s^2 表示，標準差則以 s 表示。變異數包括樣本變異數（Sample Variance）與無偏變異數（Unbiased Variance），本書中提到變異數一詞時，皆指樣本變異數。

變異數與標準差皆可呈現整體資料與平均值之間的離散程度。

標準差與實際數值的單位相同，因此有時可憑直覺輕鬆掌握離散程度。

● 變異數、標準差

$$s_x^2 = \frac{1}{n}\sum_{i=1}^{n} (x_i - \mu_x)^2$$

附錄圖 1.1 中，資料點 **x** 的變異數 s_x^2 為 3.69，標準差 s_x 為 1.92。資料點 **y** 的變異數 s_y^2 為 10.25，標準差 s_y 為 3.20。

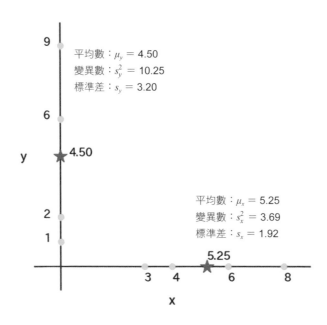

▲ 附錄圖 1.1　**x**、**y** 的平均數、變異數、標準差

▶ 共變異數、相關係數

共變異數是表示 2 組互相對應的資料 **x**、**y** 之相關性的數值。

求法是分別將 **x** 與 **y** 的平均值與資料點的差相乘，再加以平均。

● 共變異數

$$s_{xy} = \frac{1}{n} \sum_{i=1}^{n} (x_i - \mu_x)(y_i - \mu_y)$$

附錄圖 1.2 中，資料點 **x** 與 **y** 的共變異數 s_{xy} 為（a）5.88、（b）-39.50。

若資料呈現漸增狀態，則共變異數為正值；反之，若資料呈現漸減狀態，共變異數則為負值。共變異數的值取決於資料點之變異數（或標

準差）的大小，因此即使共變異數的值較大，也不代表資料漸增的傾向較大。不受變異數大小影響的指標為相關係數。

相關係數是將 2 組互相對應的資料 **x** 與 **y** 之共變異數 s_{xy} 除以標準差 s_x、s_y 所得的結果。

● **相關係數**

$$r_{xy} = \frac{s_{xy}}{s_x s_y}$$

相關係數與共變異數相同，可表示資料間的相關性，但由於是以標準差相除而得，故數值會介於 -1 ～ 1。

也正因如此，相關係數的呈現與資料點的單位無關。附錄圖 1.2 中，相關係數 r_{xy} 為（a）0.96、（b）-0.93。

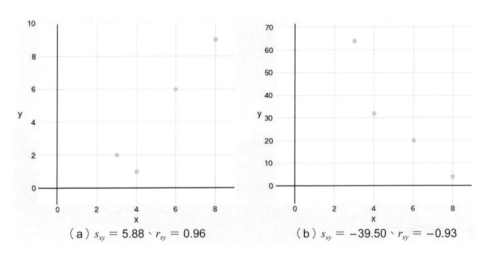

（a）$s_{xy} = 5.88$、$r_{xy} = 0.96$　　　　（b）$s_{xy} = -39.50$、$r_{xy} = -0.93$

▲ 附錄圖 1.2　相關係數

共變異數矩陣、相關矩陣

共變異數矩陣（或變異數共變異數矩陣）是計算出 2 組以上資料的共變異數後，再整理而成的矩陣。一般以 $\sum$ 表示。$s_{x_1 x_2}$ 為資料點 $\mathbf{x}_1$ 與 $\mathbf{x}_2$ 的共變異數，$s_{x_1 x_1}$ 則為資料點 $\mathbf{x}_1$ 與 $\mathbf{x}_1$ 的共變異數，也就是 $\mathbf{x}_1$ 的變異數。

● 共變異數矩陣

$$
\sum = \begin{bmatrix}
 & s_{x_1 x_1} & s_{x_1 x_2} & \cdots \\
s_{x_1 x_n} & s_{x_2 x_1} & s_{x_2 x_2} & \cdots \\
s_{x_2 x_n} & \vdots & \vdots & \ddots \\
\vdots & s_{x_n x_1} & s_{x_n x_2} & \cdots \\
 & s_{x_n x_n} & &
\end{bmatrix}
$$

相關矩陣是計算出 2 組以上資料的相關係數後，再整理而成的矩陣。$r_{x_1 x_2}$ 為資料點 $\mathbf{x}_1$ 與 $\mathbf{x}_2$ 的相關係數。

● 相關矩陣

$$
\sum = \begin{bmatrix}
 & r_{x_1 x_1} & r_{x_1 x_2} & \cdots \\
r_{x_1 x_n} & r_{x_2 x_1} & r_{x_2 x_2} & \cdots \\
r_{x_2 x_n} & \vdots & \vdots & \ddots \\
\vdots & r_{x_n x_1} & r_{x_n x_2} & \cdots \\
 & r_{x_n x_n} & &
\end{bmatrix}
$$

零基礎入門的機器學習圖鑑

 專有名詞說明

專有名詞	名詞定義
AI	人工智慧（Artificial Intelligence）的縮寫。人工智慧一詞本身包含各種意思，如依照規則、數學定理進行運算，或進行機器學習。
Anaconda	由軟體公司 Anaconda 提供的多合一安裝程式，專供機器學習與資料分析使用。
AUC	Area Under the Curve。ROC 曲線下方的面積，面積最大為 1，最小為 0；AUC 愈接近 1（面積愈大）就愈精準。若數值落在 0.5 左右，便表示預測結果並不理想。
DataFrame	Python 函式庫之一，使用 pandas 套件。適合用於處理如 Excel 一般的二維資料。
F1 值	反映精確率與召回率兩者傾向的指標。兩者呈 trade-off 關係，也就是重視平衡，一方升高，另一方就會降低。
FN	False Negative。將實際為正樣本的資料錯誤預測為負樣本。
FP	False Positive。將實際為負樣本的資料錯誤預測為正樣本。
Kernel 函數	Kernel Method 可用之函數的總稱。包括 RBF Kernel 以及 Sigmoid Kernel 等種類。
k-means++	使用 k-means 分群法時，盡可能挑選彼此分開的重心作為預設值的方法。
Lasso 迴歸	以模型參數絕對值的和作為懲罰項進行正則化的線性迴歸。
RBF Kernel	Kernel 函數之一。RBF 為 Radial Basis Function 的縮寫，亦稱徑向基底函數。
roc_curve 函數	以 FP 的比例作為橫軸，TP 的比例作為縱軸，製成圖表，圖中顯示將閾值（由此開始視為陽性的預測機率值）從 1 開始慢慢降低時，FP 與 TP 關係的變化。
Sigmoid Kernel	Kernel 函數之一，將 Sigmoid 函數應用於 Kernel 函數。
Sigmoid 函數	定義為 $\sigma(z) = 1/(1 + \exp(-z))$ 的函數，輸出的數值介於 0 與 1 之間，常用於羅吉斯迴歸及類神經網路。
TN	True Negative。將實際為負樣本的資料正確預測為負樣本。
TP	True Positive。將實際為正樣本的資料正確預測為正樣本。
t 分布	以自由度為參數的機率分布。

專有名詞	名詞定義
二元分類（Two-class Classification）	預測的類別只有 2 種的分類問題。
不純度（Impurity）	可呈現資料雜亂程度的數值，具體的指標包括基尼不純度指數等。
分布不均的資料	目標變數分布不均的資料。例如在二元分類中，幾乎所有的資料都是 1，而幾乎沒有 0 的資料。
分群（Clustering）	將資料分類為多個群集（相似資料的集合）。
分類問題（Classification）	監督式學習中，預測如性別等類別的問題。
文字探勘（Text Mining）	解析文字資料以取得重要資訊的資料探勘。
主成分（Principal Component）	透過 PCA 計算出的新軸。依重要性高低排列，依序可稱為第一主成分、第二主成分。
主成分分數（Principal Component Score）	呈現主成分軸上的數值。
主題模型（Topic Model）	假設「文字資料是由如主題般的潛在變數所構成」的模型。
主題機率	在 LDA 中，以機率表示從文件中取得的主題。
加權平均（Weighted Average）	計算平均值時，如期望值一般，將數量與機率相乘後算出的平均值。
召回率（Recall）	在實際為正樣本的結果中，正確預測為正樣本之結果所占的比例。
正則化（Regularization）	在損失函數加上懲罰項的學習方法，用於防止過度擬合。
正確率（Accuracy）	正確結果在所有預測結果中所占的比例。
目標變數（Target Variable）	監督式學習中提供給電腦作為答案的資料。在分類問題中是表示類別的離散值，在迴歸問題中則是連續值。
交叉驗證（Cross Validation）	以不同的方式切分監督式學習的資料，反覆進行驗證。
共變異數矩陣（Variance-Covariance Matrix）	將可表示資料間相關性的共變異數以矩陣形式呈現。

專有名詞	名詞定義
向量（Vector）	具方向與大小的量。在機器學習，可指排列成一行的數值。
多元分類（Multi-class Classification）	預測的類別超過 2 種的分類問題。
多項式 Kernel	Kernel 函數之一。將多項式應用於 Kernel 函數。
次數	多項式展開後的最大指數。例如 $w_0 + w_1 x + w_2 x^2$ 的次數即為 2。
自然語言處理（Natural Language Processing）	以中文、英語文章或單字為對象的任務。最具代表性的應用範例為垃圾郵件過濾器及搜尋引擎。
決策樹（Decision Tree）	機器學習模型之一，透過切割空間以降低不純度，再進行學習。一般常使用基尼不純度指數來計算不純度。
決策邊界（Decision Boundaries）	分類問題中，訓練資料分類結果的交界處。
肘點法	使用 k-means 分群法時，藉由計算群集內平方和來推測群集數的方法。
函式庫（Library）	可以重新分發的多個程式的集合。
奇異值（Singular Value）	透過奇異值分解，在對角矩陣中所得之對角線元素。
奇異值分解（Singular Value Decomposition）	矩陣分解的方法之一。用 2 個正交矩陣與 1 個對角矩陣的積來表示原矩陣。
抽樣（Sampling）	在機率分布中抽取資料點（樣本）。
拔靴法（Bootstrap Method）	針對同一份訓練資料反覆進行隨機取樣，以「假裝增加」訓練資料的方法。
近似矩陣	矩陣分解後，被簡化的矩陣。
非監督式學習（Un-supervised Learning）	不提供答案，讓電腦直接學習機器學習模型的方法。非監督式學習的目的，是透過將資料轉換成其他形式呈現，或找出資料中的子集合，以理解輸入資料的結構。
流形學習（Manifold Learning）	用於非線性資料的降維方法。
相似度（Similarity）	表示各資料點集合相似與否的數值，數值愈大表示愈相似。

專有名詞	名詞定義
相關係數（Correlation Coefficient）	表示 2 個變數之間線性關係（相關性）強弱的指標，愈接近 1 表示兩者關係愈接近正相關，愈接近 -1 則表示兩者關係愈接近負相關。
降維（Dimensionality Reduction）	將高維度的輸入資料以較低的維度呈現。
格點搜尋（Grid Search）	尋找超參數的方法之一。先將參數設定為格狀，再從中搜尋最佳的選擇。
特徵（Feature）	用於輸入機器學習模型，表示某事物特徵的資料。例如，透過身高、體重的組合來預測性別時，身高和體重便是特徵。
特徵向量（Eigenvector）	在線性轉換中，方向不變，只有大小會改變的向量。
特徵值（Eigenvalue）	特徵向量經過線性轉換後產生變化的倍數。
特徵值問題（Eigenvalue Problem）	在向量的線性轉換中，求出只對應大小變化之特徵與特徵向量的問題。
脊迴歸	以模型參數的平方和作為懲罰項來進行正則化的線性迴歸。
訓練誤差（Training Error）	模型在訓練資料上的誤差。
貢獻率	某個主成分所能解釋的資料占全體資料的比例。
高斯分布（Gaussian Distribution）	以平均數和變異數呈現的機率分布。平均數為最高值，呈現左右對稱的圖形。
高斯混合分布（Gaussian Mixture Distribution）	由多個高斯分布構成的機率分布。
偏差值（Bias）	在計算輸出時單純被加入的模型參數。例如以方程式 $y = w_0 + w_1 x$ 計算資料 x 與模型參數 w_0、w_1 的輸出值 y 時，w_0 即為偏差值。
任務（Task）	欲以演算法進行的處理。在監督式學習中有分類、迴歸，在非監督式學習中有降維、分群等。
基尼不純度指數（Gini Index）	決策樹學習中，用於計算不純度的方法之一。

專有名詞	名詞定義
強化學習（Reinforcement Learning）	透過學習，使在某個環境中行動的智慧代理人（Agent）獲得最大效益的方法。
推薦系統（Recommendation）	根據客戶的購買行為，推薦各客戶可能感興趣的產品或相關產品的手法。
深度學習（Deep Learning）	機器學習演算法之一。因為在圖像辨識領域中有劃時代的成果而備受矚目。
混淆矩陣（Confusion Matrix）	可將分類結果以表格形式呈現，確認標籤分類是否正確，並確切掌握分類有誤的標籤。
第三方套件（Third Party Package）	在本書指 Python 的第三方套件，用途為擴充 Python 的標準功能。用於機器學習的 scikit-learn 也是 Python 的第三方套件。
群集內平方和（Within-Cluster Sum of Squares）	使用 k-means 法時，先計算出所屬資料點與群集重心距離的平方和，再將其加總的結果。
軟性間距（Soft-Margin）	指在使用支持向量機的時候，允許訓練資料落在間距範圍內的狀況。
連續值	如身高或體重等大小關係具有意義的數值。
單一感知器（Simple Perceptron）	機器學習模型之一。將活化函數套用於特徵乘上權重的結果，再進行識別。
最近相鄰者搜索（Nearest Neighbor Search）	在空間裡尋找鄰近的點。使用 kNN 時，必須取得最接近未知資料的點，以進行分類。
測試誤差（Testing Error）	模型在測試資料上的誤差。
硬性間距（Hard-Margin）	指在使用支持向量機的時候，不允許訓練資料落在間距範圍內的狀況。
虛擬環境	在本書指 Python 的虛擬環境。想同時使用多種 Python 第三方套件時，可運用此技術。
評估方法	評估機器學習模型的方法，在分類問題中常使用正確率、精確率、召回率、F1 值、AUC 等指標，在迴歸問題中常使用均方誤差、決定係數等指標。
詞彙機率	在 LDA 中，以機率表示從某個主題獲得的單字。

專有名詞	名詞定義
超參數 （Hyperparameter）	機器學習模型的參數中，由於無法從資料中學習而必須事先指定的參數。
間距（Margin）	距離決策邊界最近的學習資料與決策邊界之間的間距。
間距最大化	計算機器學習模型的參數，使決策邊界的間距最大化。支持向量機可藉由間距最大化學習決策邊界。
損失（Loss）	模型的輸出結果與目標變數之間的誤差。
損失函數（Loss Function）	表示誤差與模型參數之關係的函數，亦稱誤差函數。
節點（Node）	在圖中表示點的元素。在類神經網路的圖示中，節點表示某種特徵。
解釋變數 （Explanatory Variable）	用於輸入機器學習模型，呈現某種事物之特徵的資料，亦稱特徵（Feature）。
過度擬合 （Overfitting）	可以準確預測訓練資料，卻無法順利預測未用於訓練之資料的情形。
電腦視覺（Computer Vision）	處理圖像資料並從圖像資料中找出所需資訊的研究領域。
預測模型	輸入未知資料後，可「預測」並計算出結果的模型。已完成學習的機器學習模型亦可稱為預測模型。
預測機率	1. 機器學習模型根據輸入資料所計算出的機率。 2. 結果符合預測值的機率。假設在二元分類問題中，將結果預測為 0 或 1，若結果為 0 的機率為 10％，則有 90％的機率為 1。
對角矩陣（Diagonal Matrix）	在行數與列數相同的矩陣中，除了對角線上的元素，其餘的值皆為 0 的矩陣。
漸近假設	假設「訓練資料愈多，就能在未知資料的附近找到愈多訓練資料」。
監督式學習 （Supervised Learning）	將問題的答案輸入電腦，使其學習機器學習模型的方法。輸出的答案若為類別，則稱為分類問題；若為連續值，則稱為迴歸問題。
精確率（Precision）	在所有被預測為正樣本的結果中，正確預測為正樣本之結果所占的比例。

專有名詞	名詞定義
鳶尾花資料集（Iris Data Set）	將鳶尾花的花萼長度、花萼寬度、花瓣長度、花瓣寬度及品種等資料記錄於表格內的資料集，是測試各種演算法時常用的知名樣本之一。
標籤（Label）	目標變數。在分類問題中，有時會將目標變數稱為標籤。
模型參數	機器學習模型的參數中，利用演算法根據資料算出的參數。
潛在空間（Latent Space）	以潛在變數呈現的空間。
潛在變數（Lurking Variable）	無法直接觀測，但可透過資料點推測的變數。
線性 Kernel	Kernel 函數之一。線性 Kernel 與線性支持向量機等價。
線性組合（Linear Combination）	將係數與向量的積相加後的結果。
樹狀結構	具有階層性的資料結構，指圖論（Graph Theory）中呈樹狀結構的資料型態。
機器學習（Machine Learning）	並非透過程式，而是透過輸入數據來進行資料分類或數值預測的計算方法。包括監督式學習、非監督式學習、強化學習等類型。
機器學習模型（Machine Learning Model）	表示機器學習中，使用之演算法或預設資料的關係，亦可簡稱為模型。
活化函數（Activation Function）	感知器中，根據加權後的特徵總和計算機率的非線性函數。
輸入變數（Input Variable）	用於輸入機器學習模型，呈現某種事物之特徵的資料，亦稱特徵（Feature）。
閾值（Threshold）	根據計算後的機率進行分類時，位於交界處的值。例如在 0 與 1 的二元分類中，將閾值設為 0.5，則當機率大於 0.5 時，資料會被分類為 1；當機率小於 0.5 時，資料會被分類為 0。
隨機搜尋（Random Search）	搜尋超參數的方法之一。隨機選擇事先設定的參數，反覆搜尋，直到獲得理想的結果。
縮放（Scaling）	轉換資料的數值，使其維持在某個範圍內。
離散值	只表示類別，彼此的大小關係並不具意義的數值。例如以數值來表示性別時，可將「男」表示為 0，「女」表示為 1，但數值本身並沒有大小關係。

專有名詞	名詞定義
懲罰項	進行正則化時附加於損失函數的項。表示模型參數的大小。
類別標籤（Class Label Data）	在監督式學習的分類問題中，屬於同一類的資料集合稱為類別，而標籤則可表示該類別的名稱。
權重（Weight）	在計算輸出時，用於乘上特徵或中途計算結果的參數。相當於以資料 x 與模型參數 w_0、w_1 計算輸出 y 時，方程式 $y = w_0 + w_1x$ 中的 w_1。
變異數（Variance）	表示資料分散程度的數值。

參考文獻

以下列出本書礙於篇幅無法詳細介紹之相關技術的線上說明文件，以及本書推薦的相關書籍。

● Python 相關（線上）

「Python 3.9.0 documentation」（英文版官方文件） https://docs.python.org/3/

「The Python Tutorial」（官方使用教學） https://docs.python.org/3/tutorial/index.html

「Python Boot Camp Text」 https://pycamp.pycon.jp/textbook

● Python 相關（書籍）

《輕鬆易懂 Python》（暫譯，《スラスラわかる Python》，翔泳社）
　適合 Python 初學者

《Effective Python 中文版 —— 寫出良好 Python 程式的 59 個具體做法》（*Effective Python : 59 Specific Ways to Write Better Python*，碁峰資訊）
　適合 Python 進階使用者

《Expert Python Programing Second Edition》（Packt Publishing）
　適合 Python 高階使用者

● 從預處理到機器學習

《適合 Python 使用者的 Jupyter〔實踐〕入門》（暫譯，《Python ユーザのための Jupyter〔実践〕入門》，技術評論社） 詳細解說 pandas 的基礎與視覺化

《用 Python 快速上手資料分析與機器學習》（《Python によるあたらしいデータ分析の教科書（AI & TECHNOLOGY）》，碁峰資訊）
　可了解從預處理到機器學習的一連串過程

《Python 資料科學學習手冊》（*Python Data Science Handbook: Essential Tools for Working with Data*，歐萊禮） 詳細解說從預處理到機器學習的流程

● **數學、演算法相關**

《機器學習的精髓──透過實作學習 Python、數學、演算法──（Machine Learning）》（暫譯，《機械学習のエッセンス―実装しながら学ぶ Python, 数学 , アルゴリズム―（Machine Learning）》，SB Creative）
實際操作 Python 學習演算法

《Deep Learning：用 Python 進行深度學習的基礎理論實作》（《ゼロから作る Deep Learning ―Python で学ぶディープラーニングの理論と実装》，歐萊禮）實際操作 Python 學習深度學習

《圖像辨識入門》（暫譯，《はじめてのパターン認識》，森北出版）
學習圖像辨識的基礎

《用於資料分析的統計模型入門──一般線性模型・階層式貝氏模型・MCMC（機率與資訊的科學）》（暫譯，《データ解析のための統計モデリング入門──一般化線形モデル・階層ベイズモデ・ル MCMC（確率と情報の科学）》，岩波書店）學習統計模型，範例為 R 語言

《技術人員的基礎解析學　理解機器學習所需的數學》（暫譯，《技術者のための基礎解析学　機械学習に必要な数学を本気で学ぶ》，翔泳社）
用數學解法仔細學習基礎解析

《統計學入門（基礎統計學 I）》（暫譯，《統計学入門（基礎統計学 I）》，東京大學出版會）統計入門的必讀經典

《線性代數入門（基礎數學 I）》（暫譯，《線型代数入門（基礎数学 I）》，東京大學出版會）線性代數的必讀經典

《改訂 2 版　資料科學家養成讀本〔學會專家所需的資料分析能力！〕（Software Design plus）》（暫譯，《改訂 2 版　データサイエンティスト養成読本〔プロになるためのデータ分析力が身につく！〕（Software Design plus）》，技術評論社）

《資料科學家養成讀本　機器學習入門篇（Software Design plus）》（暫譯，《データサイエンティスト養成読本　機械学習入門編（Software Design plus）》，技術評論社）

技術評論社的養成讀本系列叢書

零基礎入門的機器學習圖鑑

2 大類機器學習 ×17 種演算法 × Python 基礎教學，讓你輕鬆學以致用

見て試してわかる機械学習アルゴリズムの仕組み 機械学習図鑑

作　　　者	秋庭伸也、杉山阿聖、寺田學
監　　　修	加藤公一
審　　　定	王立綸、李重毅、馮俊菘、蔡明亨
譯　　　者	周若珍
總 編 輯	何玉美
主　　　編	林俊安
特約編輯	許景理
封面設計	張天薪
內文排版	黃雅芬

出版發行	采實文化事業股份有限公司
行銷企劃	陳佩宜・黃于庭・馮羿勳・蔡雨庭・陳豫萱
業務發行	張世明・林踏欣・林坤蓉・王貞玉・張惠屏
國際版權	王俐雯・林冠妤
印務採購	曾玉霞
會計行政	王雅蕙・李韶婉・簡佩鈺
法律顧問	第一國際法律事務所　余淑杏律師
電子信箱	acme@acmebook.com.tw
采實官網	www.acmebook.com.tw
采實臉書	www.facebook.com/acmebook01

I S B N	978-986-507-241-4
定　　　價	450 元
初版一刷	2021 年 1 月
劃撥帳號	50148859
劃撥戶名	采實文化事業股份有限公司
	104 台北市中山區南京東路二段 95 號 9 樓
	電話：(02)2511-9798　傳真：(02)2571-3298

國家圖書館出版品預行編目

零基礎入門的機器學習圖鑑：2 大類機器學習 ×17 種演算法 ×Python
基礎教學，讓你輕鬆學以致用 / 秋庭伸也、杉山阿聖、寺田學著；加藤
公一監修；蔡明亨等審定；周若珍譯 . – 台北市：采實文化，2021.01
272 面；17×21.5 公分 . --（翻轉學系列；49）

譯自：見て試してわかる 機械学習アルゴリズムの仕組み 機械学習図鑑

ISBN 978-986-507-241-4（平裝）

1. 機器學習 2. 演算法 3.Python(電腦程式語言)

312.831　　　　　　　　　　　　　　　　　　　　　109018734

見て試してわかる機械学習アルゴリズムの仕組み 機械学習図鑑
(Kikai Gakushuu Zukan: 5565-4)
Copyright © 2018 Shinya Akiba, Asei Sugiyama, Manabu Terada
Original Japanese edition published by SHOEISHA Co.,Ltd.
Traditional Chinese edition copyright © 2021 by ACME PUBLISHING Ltd.
This edition published by arrangement with SHOEISHA Co.,Ltd.
in care of HonnoKizuna, Inc.
through Keio Cultural Enterprise Co.,Ltd.
All rights reserved.

翻轉學

翻轉學

翻轉學

翻轉學